ＬＰガス販売事業者の事業承継とＭ＆Ａ

――輝く未来のために――

はじめに

「人は一代、企業末代」。私がM&Aのお手伝いをさせていただいたオーナー経営者様の言葉です。意味は言わずもがなですが、事業の承継については、近年、M&Aがその代名詞にもなりつつあると感じます。私はこれまで、50社以上の譲渡会社様のM&Aに携わってまいりました。そこには必ず、1社1社のストーリーがありました。何ひとつ、同じ話はなかったとも言えます。

ところで、「最近、M&A仲介業者から毎日のようにDMが送られてくる」と思われているLPガス販売店経営者の方はとても多いはずです。これはLPガス販売店に限ったことではありません。少子高齢化や経済の先行きの不透明感が増す中で、事業承継の悩みや将来に不安を持つ中小企業はとても多くなっており、M&Aによる事業承継のニーズが高まっています。それに伴い、M&Aの仲介ビジネスを行う者も増えているからです。

そしてLPガス販売業界について言えば、LPガス販売店のM&Aは、今や空前の「売り手市場」だと言えるかもしれません。ですからM&A仲介業者の中には、「今売らなければ損だ」と言わんばかりに、事業譲渡・売却を急かす者もいると聞きます。

しかし、自らつくり上げてきた事業、先代から受け継いだ商売は、そう簡単に手放せるものではありません。もし事業を譲渡するならば、どのようなタイミングで、どのような判断で行うべきなのか。本当にM&A以外に道はないのか……そのようなことをしっかり考え、判断することが大切です。

私は「M&Aコンサルタント」を名乗っていますが、M&A＝「合併と買収」を成立させることだけが仕事ではありません。経営の将来に悩みや不安を持つオーナー経営者様の相談相手として、経営者様ご自身はもちろん、ご家族や従業員の皆様、取引先様など関係者の皆様の「輝く未来のために」より良い選択は何かを、共に考えていくことが真の仕事だと考えています。

今回、そのような思いを皆様にお伝えしたくてこの本をまとめました。すでに書店には、M&Aに関する本が多数並び、LPガス販売業界向けのものも出版されています。私のこの本は、M&Aの必要性や手続きを解説するためのものではなく、ましてやLPガス販売事業者のM&Aを促進させることを目的としたものでもありません。私がM&Aのお手伝いをした実体験をもとに、M&Aに至るまでに経営者様はどのようなことに悩んだり迷ったりするのか、どのようなことで決断をするのかといったことを、M&Aについて少しでも関心がある経営者の皆様に知っていただくために書きました。

本文を書き進めるにあたり、まず架空のLPガス販売事業者の物語をマンガにしてみました。M&Aの契約にあたっては、後に述べるようにさまざまな関係者がそれぞれの思いで関わりますし、私たちには契約終了後も守らねばならない守秘義務があります。ですから、実例をそのまま書くことができないという事情があり、架空の物語となりました。また、繰り返しになりますが、実際のM&Aでは、必ず1社1社のストーリーがあります。本書でマンガにしたことは、その中の典型的ないくつかの例を織り交ぜたものです。

マンガは架空の物語ではありますが、経営者の方の多くはこんなことを悩まれていて、そのお悩みに、私はこんなアドバイスをしているといったことを知っていただくための本だとご理解ください。

LPガス販売事業者の事業承継とM&A

輝く未来のために

目次

第1章

これからの「より良い会社づくり」を考える

大川真一(76)
3千軒・従業員10人
LPガス販売店の社長
彼は今
自身の会社の
事業承継に
悩んでいた

はぁ…
パンガス

まさか
ベテラン従業員の
田村くんが
辞めてしまうとは…
社長すみません…
田舎の母の介護で
郷里に
帰らなければ
いけなくなって…

はぁ…
田村くんには
定年後も働いてもらう
つもりだったからな…
辞めてしまうとなると
経営の先行きも
不安だ…

娘は嫁いで
私の会社を
継ぐ気はないし
お父さん
ごめんなさい…
やりたいことが
いろいろとあって…
田村くんの後を
任せられるほどの
経験がある
社員は見当たらない
うちの会社は
妻に経理を手伝って
もらったり
カタ
カタ
先輩～！
少人数で
力を合わせて
経営しているのが
現状…
ポワ～ン
あ
そういえば…

この前
友人の山田くんと食事した時
会社を売った話をしてたな…
いや〜本当に
良かったよ！
M&Aに決めて
今は自分の
やりたかったことに
集中できる！
最初は
わからないこと
だらけだったがね
コンサルタントに
教えてもらったんだ
大川くんも
興味があれば
紹介するよ？

もし何かあれば
コンサルタントに
相談してみるのも
いいかもね！
う−む…
会社を売る気は
まだないが…
話を聞いてみる
だけなら…

そして
数日後

あ
もしもし
山田くん？
この前話していた
M&Aのこと
なんだけど…

初めまして
M&A
コンサルタントの
中原駿男です
本日はよろしく
お願いします
あああ…
よろしく
さっそくだが
我が社の
経営状況について
話させてくれ

……という
具合なんだ
なるほど
それでM&Aに
ご興味が…
M&Aと言っても
わからないこと
だらけでな
あ!
まだ売ると
決めたわけ
じゃないぞ!
それはもちろん
存じております

最終的な決断は
大川社長次第です
売る売らないは
別にして
知っておくことが
ひいては
大川社長の会社のために
なるはずです!
……!

より良い
会社づくり
そのための
M&Aです！
ひとつずつ
知っていき
ましょう！
……!!

ゴクリ…
確かに…
ひとつの選択肢として
考えてみるのも
アリかもしれないな

それではさっそく
M&Aについて
説明していきますね
ああ
頼む！
こうして大川社長の
M&A決断の物語が
始まった

親族も従業員も
小規模会社の事業承継は難しい

マンガの主人公・大川真一さんは76歳のLPガス販売店の経営者です。顧客軒数は約3000軒。全国約1万6000者のLPガス販売事業者の平均顧客数は500軒前後と言われていますから、その中では、比較的規模の大きなほうに入るかと思います。

経営者の事業承継の悩みは規模の大小に関わらずありますが、特にこの規模の販売店さんの場合は、供給先軒数も多く、また家族以外の従業員も多いので、事業が続けられなくなったからといって、簡単に廃業することはできません。一方で、経営と資本とを分離するには難しい規模であり、業務量が多く売上もそこそこありますから、経験が浅い人間や、まったくの素人がいきなり経営者となってまわしていくのはなかなか難しい規模です。さらに、従業員による承継はハードルが高いという問題もあります。

大川さんが自分の片腕と思っていたベテラン従業員が退職を申し出たことが、物語の発端です。多くの経営者は、ある程度の年齢に達せば自身の後継者や事業承継について漠然と考えるものですが、何か大きなキッカケがないと、具体的にそれに取り組むことはないようです。大きなキッカケとは、自身の病気や有力従業員の退職、取引先の大きな変化など経営上の重大問題が生じた時です。大川さんには娘さんがいますが、娘さんご本人も、またその配偶者も、会社を引き継ぐつもりはないようです。他の従業員はまだ若く、会社を切り盛りしていくには不安があるという状態です。身内に継ぐ人がいない、後継を任せられる人材が育っていないということは、以前からわかっていることなのですが、正面からその問題に取り組まず先送りしているという経営者も多いはずです。

現在、日本の多くの中小企業が、少子高齢化に伴う「経営者の高齢化」と「後継者不在」という大きな問題を抱えています。１９９５年時点で47歳だった経営者の平均年齢は、２０１８

年には69歳（帝国データバンクによる）、現在はさらに高齢化が進んでいます。もちろん、人はいずれ歳をとるわけですから、経営者たるもの常に後継者の育成を心がけるべきだと言う人もいます。しかしそれは、小規模企業の実情を知らない人が言うことです。中小企業というと範囲はとても広いですが、顧客軒数３０００軒のＬＰガス販売店は業界の中では規模の大きな店ですが、一般的な企業規模として見れば、小規模企業です。その規模の会社は、日々の業務に追われる中で、従業員を管理職や経営者としていくための十分な教育機会を持つことは難しく、またそもそも、最初から経営者を目指す人材を採用することが難しい状態にあります。

そうなると、「親族内承継」が最もオーソドックスな形となります。現在の経営者の親族が会社を引き継ぐ方法です。ある調査で「後継者がいる」と回答した中堅・中小企業の約90％が「親族内承継を考えている」とのデータもあり、多くの経営者が望む事業承継の選択肢です。

親族内承継は他の方法に比べて後継者の選定がスムーズに進みやすく、早いタイミングで事業承継の準備に取りかかることができます。また、従業員や取引先など、周囲の関係者からの理解を得やすいこともメリットとして挙げられます。

しかし近年は、職種やワークスタイルが多様化し、職業の選択肢が増えていることから、家業を継ぐことを拒む人も増えてきています。自身の子供など親族に会社を継がせたいと考えるのであれば、早めに親族と承継について話し合いをし、意思を確認したうえで進めるべきです。「継いでくれると思っていたが、子供にはまったくその気がなかった」ということで、高齢になって慌てて後継者探しを始める経営者も少なくありません。

すでに後継者になる意欲の強い親族が存在しているのであれば、それは喜ばしいことです。ただし、その親族が後継者としての能力や資質を備えているるか、それを客観的に判断・評価するのは非常に難しいことです。「初代が創業して、二代目で傾き、三代目が潰す」という言葉があるように、親族内承継も決して容易なものではありません。

また、少子化でそもそも実子がいない経営者も増えています。政治家の「世襲」がとかく問題になりますが、一般の会社においては、今後、世襲は多数派ではなくなっていくかもしれません。

世襲ができない場合は、従業員や役員などを後継者とする選択があります。こうした「親族外承継」では、従業員からの信頼が厚く事業内容を十分に理解した人物を後継者に指名することで、スムーズな承継が期待できます。ただし、経営者本人が持つ株式を第三者に買い取ってもらう際の、資金面でのハードルが非常に高いことがネックです。株式を買い取る資金の用意や、会社の借入金の連帯保証の同意など、人柄だけではどうにもならないこともあるため、こちらも親族承継同様、早めに本人の意思を確認し、しっかりと準備を進めなければなりません。

社長が引退を考えてナンバー2の従業員に「社長をやってくれ」と頼んだら断られたというのは、実際よくある話です。もともと社長をやるつもりがなかったり、小規模企業の社長を引き受けるリスクに対して家族が反対したからといったことが理由になります。従業員の専務が社長に昇格というのは、中小規模の会社ではなかなか難しいわけです。

ついでに事業承継方法について、もう少し触れておきましょう。

ここ20年で、経営者を外部から招く「外部招へい」が行われることも珍しくなくなりました。

大企業で経営職を歴任した人は、その経営手腕はもちろん、知名度による効果なども期待されるからです。外部招へいの最も大きなメリットは、今までの社風やしがらみにとらわれることがないため、事業の効率化や効果的な施策などを行うことができる点です。特に内部要因で経営不振に陥った会社においては、一つの選択肢となり得るとされています。

一方、外部招へいのデメリットは、社内で十分な理解が得られないと、従業員や株主、創業者親族との衝突が起こり得ることです。また経歴が華々しい経営者であっても、環境の差によって十分な経営力を発揮できない場合もあります。「プロの経営者」として鳴り物入りで入ったのに、何ら成果を残せず追われるように会社を去った、といった経済ニュースを目にすることもあるかと思います。もうひとつ、外部招へいにとってハードルとなるのは金融機関の連帯保証です。オーナー経営者であれば、自社の連帯保証人を務めることが多くあります。しかし、オーナーではない雇われ経営者が会社借入の連帯保証を務めることは心理的ハードルが高いです。そして、金融機関から見た時に信用力が足りるのかという問題も出てきます。ＬＰガス販売業界で外部招へいの例はあまり聞きませんが、親族が異業種からやって来て、業界のしがらみにとらわれない営業政策で顧客数を増やしたといった話は、ときどき聞くことがあります。

事業承継の新しい形としては、最近「サーチファンド」という方法も増えてきています。サーチファンドとは、経営者を目指す個人が投資家から調達した資金で承継を行い、自ら経営に携わる活動です。オーナー社長は直接後継者候補を選ぶことができ、優秀な経営者候補者と魅力的な中小企業をつなぐ仕組みとして注目を浴びています。

以上、最初に長々と事業承継の選択肢をご紹介したのは、読者の皆さんに私の仕事をご理解いただきたいからでした。本書の「はじめに」でも述べたように、私は「M&Aコンサルタント」ですが、M&Aを成立させることだけが仕事ではありません。オーナー経営者の方の最適な選択をサポートすることが仕事です。M&Aよりも広範な領域をカバーする経営コンサルタントでありたいと考えています。ですから、事業承継についてお考えのオーナー経営者様にさまざまな情報、選択肢を提示し、最善で最適な選択をしていただくようお手伝いしています。最初からＭ＆Ａありきではなく、他の選択肢を選んだ場合も、その後も最適な事業承継を都度評価するコンサルタント契約をさせていただいています。

親族承継も従業員などによる親族外承継も難しい場合には、どんな解決方法があるのかを考えます。Ｍ＆Ａはその選択肢のひとつでありますが、決してすべてではありません。

POINT

小規模会社の事業承継の難しさ

▼後継経営者人材が育ちにくい
▼従業員承継はハードルが高い
▼外部招へいは連帯保証がネック
▼世襲後継がいない場合の手段がM&A

目的はM&Aではなく
より良い会社、より良い人生

さて、マンガの主人公の大川さんはいろいろ悩んでいる中で、M&Aの経験者である友人の山田さんを介して、M&Aコンサルタントの私にアポイントを取ります。私は現在も全国に多くの案件を抱えていますが、これらのほとんどは、このようなご紹介によるものです。

M&Aでは結果として大きなお金が動きます。大きなお金が動く取引で、それを仲介した担当者とその後も人間関係が続くというのは、一定程度以上の信頼があるからだと私は考えます。ましてや、他の方を紹介していただくということは、大きな信頼を寄せてくださっているわけで、譲渡のお手伝いをした方から案件のご紹介をいただけるのは大変名誉なことだと考えています。

M&Aにはまだまだネガティブなイメージがありますので、「会社を売ろうとしている経営者」と見られるのではないかと気にして、M&Aのセミナーなどに出向くのを嫌がる方もいるようです。「話を聞くだけ」のつもりでも、後でしつこい営業が来るのではないかと心配して、直接M&A仲介業者を訪ねることを躊躇う人も少なくないようです。そのため、M&A仲介業者との最初の接点が、DMや電話セールスだったという人も多いようです。

多くのM&A仲介業者は、毎日大量のDMを出しています。DMセールス自体は悪いわけではありませんが、中には「貴社をご指名で資本提携を検討している企業があります」といった内容の「手紙」もあります。これは疑ったほうがいい場合が多いと言えます。

後に述べるように、M&Aの交渉や契約ではナーバスな問題がありますから、売り手はもちろん、買い手側も秘密裏に行うことが多いのは事実です。しかしながら、「ご指名で提携を検討している」相手先に対して、DM郵便で最初の打診を行うことは考えにくいことです。こうしたDMは、事実と異なる「思わせぶり」な表現で関心を誘い、「売る気あり」と見てから買い手探しをしているのがほとんどです。

ＬＰガス販売業の場合、現状では買い手はたくさんいます。私のところでも、地域を問わず、「売り物件があればまず連絡をくれ」と仰る大手業者様は1社や2社ではありません。だからといって、売りたい方の情報を買いたい方へ右から左に流して手数料を稼ぐというのは、あるべきＭ＆Ａコンサルティングの姿ではないと私は考えます。売ることを考えている方からお話を伺い、最適な売るタイミングはいつなのかを考え、最善の売り方、条件を一緒に考えるのがあるべき姿です。

Ｍ＆Ａ仲介は、不動産の仲介と同じで売り手と買い手の両方の利益を調整する、いわば双方の代理人です。多くの場合、売り手は一度きり、買い手は複数回の付き合いとなるので、買い手側ばかり見ているＭ＆Ａ仲介業者もいないわけではありません。また、手数料収入を高くしたいがために、ただ高い価格を提示する買い手ばかりを探すＭ＆Ａ仲介業者もいるようです。時に利益相反する双方の代理人となるＭ＆Ａ仲介は、職業的に高い倫理観が求められると私は思います。ですから、前述のＤＭのような、嘘、あるいは嘘とは言えないまでも真実ではない内容でセールスをしてくる仲介業者はお勧めできません。これは売り手側だけでなく、買い手側にも申し上げたいことです。

ＬＰガス販売業でのＭ＆Ａは大変増えていますから、身近なお知り合いでもＭ＆Ａを経験した方がいるかと思います。ぜひ、そういう方が紹介、推薦する仲介業者やＭ＆Ａコンサルタントにご相談ください。

もっとも、異業種に比べてＬＰガス販売事業者では経験談を聞くことがなかなかできないという話も聞きます。かつては友人付き合いしていたにもかかわらず、事業を売却した後は同業者には会わないという人もいるようですし、「いくらで売ったのか」ばかり聞かれるのが嫌なので、経験談は話さないという人もいます。仲介会社のセミナーに登壇して経験談を話してくれる人はまだ少ないですし、そういう場では主催者の意向に沿った話をするので、本音は聞き辛いかもしれません。

また、M&Aの結果が、自分自身が思い描いたものと違っていて不平や不満があったり、失意に沈んでいる人もいます。こういう方のお話を聞くことも大切です。ただし、感情的になっていて、事実と異なる話になっている場合もあるということも知っておくべきです。

M&Aの結果、失敗したと思われるような仕事は、私としてもしたくありません。「良かった」と自身のお仲間にも勧めていただけるような仕事をしたいと思っている私にとって、繰り返しになりますが、過去にお手伝いした方からのご紹介は、大変うれしいことなのです。

さて、マンガのストーリーに戻りましょう。

大川さんがコンサルタントの私に念押しをしたように「まだ売ると決めたわけではない、でも話は聞いてみたい」という経営者の方は多いはずです。売ることを決めてからM&A仲介会社に会うという人がまだまだ多いようですが、もう少し柔軟に考えて、「会って話を聞いてから考える」で良いと私は思います。

「今会社を売ったらいくらになるのか」は、皆さん関心があるところです。その売値を算出するには、企業価値がどれだけかを調べなければなりません。単に決算書など表に出ている数字だけではなく、経営の実態や目に見えない財産や将来リスク、業界動向なども勘案する必要があります。

例えば、決算では１０００万円の赤字という会社があります。その決算の中身を精査してみると、役員報酬４０００万円、交際費１０００万円、保険金積立２０００万円、旅行費１０００万円、当期の一時的な設備費が３０００万円となっていれば、M＆Aの評価では、実は1億円の利益を稼げる会社と考えられます。

M＆Aでは、買い手は売り手の目に見える資産の他、将来期待される利益を評価して買収額を決めます。会社が生み出すことができる将来利益を「のれん」（営業権）と言いますが、M＆Aでの買収額が売った会社の純資産を上回る差額がそれにあたります。

のれん代をどう評価するかは、さまざまな評価法があります。またそこには、業界事情などが加わってきます。

私の会社は「業界特化のＭ＆Ａコンサルティング」を標榜し、私はＬＰガス業界を、そして他のスタッフはそれぞれ自分自身の経験や実績が豊富で、人脈がある業界に専門特化して担当しています。業界事情に精通していなければ、その会社のより正確な企業価値はわからないからです。

売り手側で考えた時は、どのような評価法を用いれば有利になるか＝高く売れるかも大切ですが、それ以前に、客観的な企業価値をより良くするにはどうすべきかを考えることが重要です。決算や資産状況をより良くすること、そしてのれん代という、将来利益を生み出すものをどれだけ高めるかです。Ｍ＆Ａを考えるにあたっても、売るか売らないかだけを考えるのではなく、まず、自社にどれだけの価値があるのかを客観的に知ることから始めるということです。そうすることで、自社に足りないことと価値を高められるものを知ることができ、それを改善したり向上させたりすることで、より良い会社づくりにつながるのです。そのことで「まだ売らないほうが良い」という結論が出てくる場合もあります。

また、企業価値を把握したうえで売るという結論になった時、経営者は「自分がやってきた会社はこれだけの価値を生んできた」ということを確認することができます。まだまだ日本の社会では、M＆Aをネガティブにとらえる人が少なくありません。それは、会社を売る＝経営を放棄する＝経営者として敗北した、というとらえ方があるからです。けれども、これだけの価値を生み、さらにリタイアした後も価値を生み続けるということを客観的に示す材料を得ることができれば、経営者は「M＆Aは決して経営放棄でも敗北でもない」と納得でき、自分自身の人生をより肯定的にとらえることができるのです。

私たちはオーナー経営者様とディスカッションをする際に、よく会社の「未来年表」を作成して会話をさせていただきます。会社の業績計画、採用計画、投資計画などを未来10年分、可能な限り詳細につくります。株主、役員、従業員については必要に応じて一人ひとりの年齢を記載して具体的に考えるようにします。そうすると会社にとって必要なものがリアルに見えてきます。

マンガの中でコンサルタントである私が「より良い会社づくり。そのためのM＆Aです」と申し上げるのは、そのような意味も込めています。

POINT

M&Aは「目的」ではない

▼事業承継の選択肢は複数ある
▼まず自分の会社の「価値」を知る
▼「価値」を向上させて「良い」会社をつくる
▼会社、株主、役員、従業員の10年後計画をつくる

第2章

経営者自身の事業売却後をイメージする

ここまでの
説明は大丈夫
ですか？
あぁ…
理解はできた

だが
まだM&Aを
決定するイメージが
つかめてない
というか…
ズズ…
イメージですか…

今まで父から受け継いだ
この会社をどうにか
潰させまいと
やってきたが
会社を売った後でも
この事業を
やりたいわけではないし

第一
今の私が大金を
手にしてもな
……

何でもいいんです
社長の趣味でも
やりたかった
夢でも…

夢か…
改めてそう
言われると…

幼い頃両親に
連れて行ってもらった
デパートの洋食屋に
憧れて
自分も店を出したい
なんて考えてたな
いいですね
お店
さすがに私が
厨房に立つというのは
無理があるが…

そんなこともあって
娘が料理人のもとに
嫁いで行ったのにも
なんとも
言えない
縁を
感じたりして…
父さ～ん

売れた利益で
娘の店に
出資できたら…

あ
そうか…

前に娘が
いつかは夫婦で
店を出したいって
話していたんだよ！
ガバッ
そうでしたか

大事なのは
会社を売った後の
社長がどうしたいか
ですよ

イメージは
湧いてきましたか？
ああ！

よし！
そうと来れば
従業員にも
相談して…
あ！それは
ちょっと
待って
ください！

え

雇用条件など
会社を売った後のことを
きちんと
決めてからでないと
従業員の方々を
不安にさせてしまう
かもしれませんよ！
取引先も同様です
慎重に行きましょう
そっ
それも
そうか…

慎重にと言えば
卸問屋、銀行からの
事業売買の誘いにも
メリットとデメリットが
あったりするんですよ
その辺りも
社長には
ご理解いただけると…

ご"

やっぱり一人でやるには
いろいろと難しいこと
だらけだ…
ガ～～ン

そのための
我々ですよ
社長！
中原くん…!!
プロパンガス

経営環境が変わったことを理解したうえでM＆Aを選択

後継者の問題で悩んでいた主人公の大川さんは、M＆Aで会社を譲渡することもひとつの選択肢と考えました。M＆Aコンサルタントの私も、会社の状況などをいろいろとヒアリングした結果、現時点ではM＆Aが事業承継の最善策ではないかとご提案しました。親族に後継者候補がいないこと、従業員の中に後継者にふさわしい人がいないこと、そして従業員の雇用を守らねばならないことなどが理由です。

ここでのM＆Aは、具体的には会社の株式を他社に買い取ってもらう形です。そのうえで経営権も譲り、従業員は全員引き受けてもらうというものです。M＆Aのメリットは、経営者の手許に売却益、創業者利潤が残ることです。前述したように、資産に加えてのれん代が入ります。Ｍ＆Ａの株式評価と相続税の評価とでは算定方式や考え方が違うことから、一般的にはＭ＆Ａの株式評価額が相続税評価額を上回ります。オーナー経営者の株の評価は、ふだんは気にしていなくともＭ＆Ａや相続の時に実感します。長年にわたり利益を計上してきたＬＰガス販売店の場合、株価の評価は驚くほど高くなっていることがあります。Ｍ＆Ａでの評価はなるべく高く、相続税での評価はなるべく低く、というのが一般的な感覚です。

マンガの中で大川さんは、「父から受け継いだこの会社をどうにか潰させまいとやってきた」と話しています。ＬＰガス販売店に限らず、多くの二代目、三代目経営者は、そのように考えて日々経営してきたことでしょう。前章の親族承継の説明で、「初代が創業して、二代目で傾き、三代目が潰す」ということを書いてしまいましたが、そう言われたくないから頑張ってきたという経営者の方がほとんどです。

ただ自分で書いておいてなんですが、「二代目で傾き、三代目が潰す」は、江戸時代からある言葉です。しかし、江戸時代とは比べものにならないほど変化が激しい現代では、二代目、三代目が経営者としての能力が劣っていたからそうなったとばかりは言えないということもあります。三代も続けば、会社は創業50年以上、１００年というところもあるかもしれません。それだけ時間が経てば、世の中の環境は大きく変わります。その変化の中で創業時の事業を維持していくのは、経営者個人の能力や努力だけでは難しいとも言えます。

ＬＰガス販売業界で考えてみます。ＬＰガス＝家庭用プロパンガスが利用され普及していくのは１９６０年代からです。戦後生まれである76歳の大川さんが店の仕事をするようになったのは、70年代からと想定されます。この時代は一般家庭の薪炭や石炭からのガス化が、都市部だけでなく地方においても進んできた時代です。それまで石炭や練炭・豆炭などの燃料を扱っていた店、ガソリンスタンド、地域の家庭に御用聞き営業をしていた米店や酒店、溶材を扱う鉄工所や冷蔵庫用のアンモニアを購入している氷店など高圧ガス業者との取引店などが、次々とＬＰガスの小売販売に参入します。一時は過当競争と言われたものの、73年の第一次オイルショックを乗り切った後のＬＰガス販売業界は、一定の利益を安定的に確保できる商売となり、住宅着工件数の伸びも追い風になって、顧客数、販売数量を伸ばしていきました。まさにＬＰガス販売の黄金時代とも言える時代を、大川さんたちの世代は駆け抜けてきました。

大川さんの同世代には、先代から経営を引き継いだ方の他、70年代に独立してＬＰガス販売を始めた方も少なくありません。今、この世代の多くの方が、後継者問題に悩んでいます。というのも、この世代の方と後を継ぐべき下の世代とが、共に業界の将来に対する不安を持っているからです。

本書をお読みの方のほとんどはＬＰガス販売業界の方ですから、今さら私が業界の現状や将来について語るまでもありませんが、ＬＰガス販売業界は今、大きな転換期を迎えています。家庭用ＬＰガスの需要のピークは２００５年の２９６万９００トン（家庭業務用。日本ＬＰガス協会による）ですが、ＬＰガス販売事業者の数は一貫して減少しています。１９８９年当時、約３万６７００者あった販売事業者数は、２０２１年には約１万６８００者と半分以下になっています。一方で、1者あたりの販売量は169トンから437トン（家庭業務用）と大きく伸びています。事業者の集約化が進んでいるわけです。人口減少や住宅着工件数の減少、省エネ機器の普及により、今後LPガス自体の大きな需要増は考えにくい状況です。そして、人手不足、さらには脱炭素化に向けた社会の流れへの対応などを踏まえつつ経営を維持していくのは、小規模事業者では難しいという見方もされています。LPガス販売業は、40年、50年前の感覚はもちろん、10年前のやり方でも通用しない時代となりつつあるわけです。

ただし、そうは言っても現状でLPガス販売業者は、大手も中小規模の販売店も、異業種が羨む売上と利益が出ています。「脱炭素の時代がやって来る」と言っても、2050年時点はともかく、少なくとも2030年時点では、家庭用LPガス需要が現在に比べ激減することはないだろうという見通しもあります。需要量と需要家が減っても、それを上回るスピードで同業者が減っていますから、残存者利益も考えられます。大手業者がM＆Aにより買収を進めるのはこうした判断があるからです。しかしマンガの大川さんのような会社、顧客数3000軒の規模の販売事業者が大手と戦いつつ残存者利益を得ることができるかというと、かなり難しいと言わざるを得ません。

大川さんも、自分がもう少し若ければ、あるいは力量を認めた後継者がいれば、残存者利益を求めるべく、事業の維持・拡大の道を選択したかもしれません。

マンガの中では大川さんが「会社を売った後、この事業をやりたいわけでもないし」とふと漏らします。決してＬＰガスの仕事が嫌だったわけではなく、これからのＬＰガス事業の難しさがわかっているからこその呟きです。あるいは、最近ますます激しくなっている顧客争奪戦や、「取引適正化」対策など、業界の変化への対応に疲れたのかもしれません。

POINT

経営環境が変わったことを理解する

▼今後、大きな顧客増・需要増は見込めない

▼同業者の減少で残存者利益も考えられる

▼大手との戦いを勝ち抜く術はあるか

▼市場縮小の中での拡大はコスト負担が大きい

▼物流業界の2024年問題で人員確保がさらに難しくなる

▼取引適正化の影響が懸念される

経営者の務めは
雇用の責任を果たすこと

ここで少し、私自身のことについて話をさせていただきます。

実は私は、親の会社を継がなかった後継者候補の一人です。私の父は洗剤に使われる素材など化学の中間品を製造する会社を経営していました。従業員は３００人を超えるくらいの規模。父は厳格な人で、口数も少なく、幼い頃の私は父と話す時は、いつも緊張してこぶしを握っていました。

私が大学3年生の時、父はくも膜下出血で倒れました。幸い手術が順調で回復も早く、１か月ほどのリハビリを経て早々に現場へ復帰しました。そんなある日、父から卒業後の進路や将来について尋ねられました。会社を継ぐ気はあるかとも聞かれました。私はすでにメガバンクの内定を得ていましたから、まず銀行に行き、その後はまだよくわからないと答えました。ただし、父の会社を継ぐつもりはないということははっきり伝えました。

もちろん、親が会社を経営していれば、子供であればその後を継ぐということを考えないこともありません。ただ私には、化学の工場を経営するイメージが湧きませんでした。子供の頃から休日にはよく父の職場にも連れていかれましたが、当時の思い出はニオイがキツイ、身体に悪いという印象だけでした。大学生になってからは父親の会社を継ぐという選択は私の中にまったくなくなっていたので、期待を持たれても困ると思い、「継がない」とはっきり答えました。当時の私は希望した金融業界への就職を控え、新しい世界に出ていくことに夢を膨らませていた時期でしたから、その時の父の気持ちがどうだったのかを思いやる頭はありませんでした。

ほどなくして、父はM＆Aで会社を譲渡しました。自身の体調に不安を覚えたというのが大きな理由で、私がそれを知ったのは譲渡後のことでした。今思うと、父は私が継ぐ意思がないときっぱり答えた時にM＆Aを決心し、少しずつ動いていたのだと思います。これが私の人生で初めてM＆Aに触れた事例ということになります。

その後、銀行に入った私は、東京・神田という街で法人営業を担当しました。神田というのは業歴の長い会社が実に多く、社歴50年、70年というのは当たり前という、いわゆる由緒正しい会社がたくさんありました。そのような得意先の何社かが、「実は会社を売ることを決めました」と支店長に挨拶に来るのを幾度か目にするうちに、これは日本の大きな課題になるな、と思いました。経済界、とりわけ中小企業に対する銀行の役割が、かつてほど重要視されない時代になりつつあると感じていましたから、思い切って、中小企業の最も大きな課題を解決する役割を担うこのM＆A業界に身を置く決断をしました。

M＆Aの仕事をし始めた頃、東北のある会社を担当することになりました。思い出深い事例ですので、守秘義務に触れない部分を少し書きます。その会社は地元密着で工事に携わる会社で、社長は2代目の方でした。もともと建設会社で働いていて、30歳の頃に父親である先代社長に呼び戻される形で社長を継いだということです。その後、営業が得意というその社長が先頭に立って新規開拓し、顧客数も大きく伸ばしました。私がお会いした頃、社長は55歳でした。お子さんは娘さんが3人で、皆さんすでに嫁がれていて、親族承継は難しい状態でした。

業績は右肩上がり。しかし仕事はどんどん取れていくものの、管理体制に課題があり、事業をさらに拡大していくにはバックオフィス業務の効率化などが急務という中で、「後継者の確保」「管理体制強化」を考え、一緒にM＆Aの可能性を追求していくことが私の仕事でした。そしてさまざまに検討を重ねた結果、やはりM＆Aによる事業承継が最善と判断されました。

この社長はいつも朝7時に出社し、玄関から執務スペースまでの掃除をされていました。日々働いてくれている従業員への感謝の気持ち、少しでも気持ちよく働いてほしいという思いを込めてのことです。そんな社長ですから、譲渡先の選定では、従業員の雇用の維持はもちろん、待遇や教育体制などを最優先にすることが譲渡先探しの条件でした。

従業員を雇用している場合、経営者には雇用の責任が生じます。年齢や健康問題なども含め、経営者がその責任を果たすことに不安が生じる前に、きちんとした対策を講じておくことが経営者の務めだと、私はこの社長との仕事で実感しました。

Ｍ＆Ａ業界に関わり10年近くが経ちましたが、昨今、「２０２５年問題」ということが盛んに言われています。２０２５年には第一次ベビーブームで生まれた団塊世代が75歳以上の後期高齢者となり、日本が超高齢化社会に突入し、そのことがさまざまな問題を引き起こすという予測です。

事業承継の問題としては、経営者が70歳以上の企業が約２４５万社にもなり、そのうちの約１２７万社が後継者不在による廃業・倒産の危機に直面するという予測があります。そのことによるＧＤＰ損失は、22兆円におよび、約６５０万人の雇用が失われると経済産業省は推計しています。

マンガの主人公・大川さんは、すでに75歳を超えています。２０２５年を待つまでもなく、すでに経営者の高齢化と後継者不在問題は、日本の多くの会社で生じています。この問題が一気に大量に生じる時が来る前に、しっかりとした手立てを講じて欲しいという気持ちで、私と当社のスタッフは仕事をしています。

POINT

雇用の責任を果たすために

▼子供＝後継者？　後継者の意思はどうなのか
▼営業力だけでは会社の発展は続かない
▼2025年問題はもうすぐ来る
▼経営者の判断能力があるうちに方針決定する

経営者自身は
M＆A後に何をしていくのか

事業承継でM＆Aを考える場合、経営者としてはまず従業員の雇用という点を考えるべきだということを書きました。そしてもうひとつ大切なのは、やはり経営者の気持ちです。

マンガの主人公の大川さんは、LPガスの仕事はもういいと言いながら、M＆Aで会社を手放した後に何をすればいいかわからない、やりたいことはないと言っています。長年、社長として第一線で働いてきた人にとって、社長でなくなることは自分の中の大きな部分を失うことになります。M＆Aによって会社経営の責任やさまざまなストレスから解放される方は多いですが、一方で、張り合いをなくして急に老け込んでしまったという方もいます。M＆A後の自身の人生設計が明確でないと、そのようなことが生じがちです。

大川さんの76歳という年齢は後期高齢者となりますが、人生１００年時代ですから、健康であればあと20数年の人生があることになります。悠々自適に暮らすといっても、何か生きる目的があったほうがいいでしょう。Ｍ＆Ａで経営からリタイアした後に世界中を旅行すると決めていた方もいらっしゃいました。ただ、旅行やゴルフを楽しむといっても、それだけでは生きる目的＝張り合いにはなかなかなりません。毎日続ければ飽きるかもしれませんから。

世間には、仕事をする傍ら生物の収集をしたり郷土史の研究をしたりする人がいて、中には専門の研究者顔負けの知識や資料を持っている方もいらっしゃいます。そういう方が、Ｍ＆Ａ後は研究活動に没頭しているという話を、異業種ではときどき耳にします。しかしそういう方はやはり稀で、長年ビジネスの世界で生きてきた方は、やはり何か商売をしていたいと考えることが多いようです。

大川さんにはその気がないようですが、中にはＭ＆Ａをした後で、またＬＰガス販売を始めたいと考える方もいます。しかし、それはすぐには困難です。Ｍ＆Ａでは、譲渡した事業と競合する商売は一定期間できないという契約も交わされます。異業種、例えば広告やＩＴ業界のような、比較的小資本少人数で立ち上げることができるビジネスでは、若くしてＭ＆Ａで会社を売却した方が、契約で拘束された期間を経た後に再び似たビジネスを始めるという例もあります。ただし、ＬＰガス販売での例は、私はまだ聞いたことがありません。

自分が元気なうちは、従業員を減らしてお店をコンパクトにして、愛着あるＬＰガス販売を続けていきたいという方もいるかもしれません。そういう方は、「顧客1軒あたりいくら」という商権譲渡という形も考えられます。ＬＰガス販売業界での買収と言えば、従来からこうした商権買収が一般的でした。顧客数を減らし、余剰の従業員は譲渡先に引き受けてもらったり、相応の退職金を支払うことで身軽になって、やれる間はやり続けるという判断もできないことはありません。

また、リフォームや修繕、工事など、得意分野で伸ばしていけると判断できる事業に特化していくという選択をし、そのための事業整理としてＭ＆Ａを選択する経営者もいます。

ＬＰガス事業から離れて、将来性がある事業でもう一度勝負しようという方や、趣味を活かしたり、長年温めていた事業に挑戦するなどやりたかったことを実現するなど、「他にやりたいことがある」方は、みな活き活きとしたセカンドステージを歩まれています。

もちろん、長年の経営の苦労から解放されたのに、わざわざまた経営の苦労はしたくないという方がほとんどですから、ビジネスをするといってもリスクを極力軽減した選択が無難です。貸しビルや賃貸アパートを、資産の範囲内で無理をせず経営したり、主に仲間を相手としたこだわりを持った飲食店など「趣味的な」商売を始める方もいます。マンガの大川さんは、娘さん夫婦の飲食店経営に出資し子供の頃からの夢を間接的に叶えることで、リタイア後の自分の張り合い＝目的を見つけたようです。

POINT

経営者自身のM&A後を考える

- ▼事業譲渡後の人生を考えておく
- ▼事業をコンパクトにするか新たな事業を興すか
- ▼リスクのないビジネスで張り合いを持つ
- ▼地元に貢献する

第3章

目的達成を最優先に考えたM&A手段を選択する

お久し振りです
大川さん
卸売業者常務
田辺 潤
田辺くん!?
5年振り
くらいか?
近くに来たので
ご挨拶に寄らせて
いただきました

まさか君が
常務とは
偉くなった
なぁ
昔よく飲みに
行ってたのが
懐かしいですね
大川さんは
最近は
いかがですか?

ああ
……実は

それ
コンサルタントに
頼らずに
うちの会社に
直接売買するほうが
いいのでは?

手数料が
余計に掛かる
だけですよ!
ヴッ…
確かに…

少し考えて
また連絡するよ
はい
お待ちして
ますよ!

翌日
…ってことがあってだな
なるほど

直接売買もひとつの手ですよね
それに田辺さんとは以前お仕事をご一緒したこともありますよ！
良い方ですよね
そうだったのか

社長と昔からのお知り合いなら尚更スムーズに手続きが可能ですし
手数料や税がかからない利点もあります！
ただ…
売買後に契約内容に関するトラブルが多いのも確かで…
売買のための条件決定などに第三者が入ることでトラブルを回避することもできます

確かに田辺くんにズバッとは言いにくいな…
必要であればそれも含めてお手伝いできますよ！

それと現時点でいくつかの企業から買収の希望が来てましたよ！
え！

A社
保安に力を
入れている会社
B社
社員教育に
定評のある会社
C社
オーナー企業
社長目線の
会話が
できる会社
D社
このエリアに
大きな魅力を
感じている会社
そんなに
来ていたとは…
田辺さんの会社も
有力な候補ですね

後はもう
社長のやりやすさや
利益を優先して
くださいね

……

じっくり
考えてみるよ
はい
それが一番です

田辺くん
すまん
パンガス

やはり私は
コンサルタントの
中原くんに
頼むことにしたよ
お金の問題
と言うよりは
!

従業員や家族の
未来への責任を考えた
結果なんだ
…そうですか
ペコ
昔のしがらみで
良くなかったですね…
申し訳ない
です

わかってくれて
良かったよ
やっぱり
田辺くんは
いい奴だな

今度は中原さん経由で
条件を出してみますね
ありがとう

卸会社に直接売ればいい？
M&A仲介を利用するメリットは？

M&Aを検討しているLPガス販売店の経営者の方が気にされることのひとつが、取引先卸との関係です。長年取引があった卸会社以外に事業承継すると揉めるのではないかという心配です。

マンガでは大川さんのお店のかつての担当者であった田辺さんが訪問した際に、大川さんがM&Aを検討していることを話します。M&Aは秘密の保持が大切ですから、現実にはこのようなやりとりは考えにくいかもしれません。ここは、私の「こうあって欲しい」という願望もあって創作したストーリーです。

販売店の経営者が後継者問題をはじめ経営の諸問題に悩んだ時、その相談先として第一に考えるのは、取引先卸のセールスマンでした。「でした」と書いたのは、最近はそうでもなくなっているからです。卸会社は小売販売店に単に商品を卸すだけでなく、在庫機能、資金や人員の支援、販売指導や情報の提供などを行います。卸、小売の流通の役割分担が明確であった昭和の高度経済成長期は、家電や食品など、どこの業界でも卸会社と小売販売店の親睦を深め結束を強める催しや、「販売店会」「特約店会」といった活動が当たり前のように行われていたようですが、最近はこうしたことはどんどん減ってきています。業界によってさまざまな事情がありますが、流通業界の多くでは、力を持った小売会社が出現し、卸会社も生き残るために小売に進出してきていることから、従来型の卸会社と小売店の関係に変化が生じているわけです。

ＬＰガス販売業界の場合は、現在でもどの卸会社も熱心に、販売店向けの研修会や親睦会、旅行会などを企画しています。ＬＰガス販売の場合、充填や配送をすべて自前で行うことは大変なので、流通における卸会社の役割は他業者とは異なり、依然として極めて重要です。卸会社と小売販売店の密接な関係は、ＬＰガス販売業界の特徴のひとつだと私は考えていました。

ただ、「系列化」が厳格なガソリンスタンドなどとは違い、同じガスや器具を複数の卸会社と取引する小売販売店がふつうだということも、異業種と比べたもうひとつの特徴だと思っていました。

卸会社と小売販売店とが密接な関係にあれば、事業承継についてもまず最初に取引の卸会社に相談すると思いますが、現実にはそうでもありません。卸会社に相談せず、私たちM&Aコンサルタントに相談してくる方の動機としては、だいたい次のようなことを仰っています。

- 卸会社の担当者と相談に乗ってもらうような関係ができていない
- 取引を通じて卸会社の実情を知っているので承継先の選択肢に入らない
- 卸会社に相談してしまうと複数の会社の比較ができない
- 卸会社よりもM&Aコンサルタントを通したほうが高く売れる
- 卸会社側が自社の企業価値を正しく判断できるとは思えない
- 卸会社に相談すると同業者に情報が漏れる

といったことです。

卸売の担当セールスマンの中には、こうした声は不本意で腹立たしく思う方もいるかもしれません。実際、自分が担当する取引先販売店がM＆Aでライバルの卸会社や、商圏でまったく競合がなかった他県業者に譲渡されたと聞いてショックを受けたという担当セールスマンも多いですし、中には「裏切られた」と言っている方もいらっしゃいます。「あそこはうちの店だ」と思っていたのに、「他社に盗られた」と思うようですが、販売店側はそうは思っていなかったということです。

販売店が取引先に相談しない理由として挙げている「卸会社の担当者と相談に乗ってもらうような関係ができていない」ということについては、特に年配の経営者で「最近の卸の担当者は転勤などですぐに交代する」「ちっとも顔を出さない」といった不満を語られる方が多くいらっしゃいます。「昔はしょっちゅう顔を出してくれて、公私共の付き合いをしていた。それが今は……」と。

「時代が変わった」と言えば、そうかもしれません。多くの卸会社が経営の合理化で販売店営業に割く人員を減らしています。また働き方改革の影響もあり、アフターファイブもお客様（＝取引販売店）にお付き合いすることはできない状況になっています。そういう中で、何でも話せるような間柄になるのは、よほど幸運な組み合わせだと考えるべきかもしれませんし、昔のセールスマンと比較される現在の卸会社のセールスマンは、ちょっと気の毒だと思います。

一方で、「複数の会社の比較ができない」や「同業者に情報が漏れる」については、卸会社側にも多少問題があると考えるべきです。販売店の経営者にとっては、事業譲渡をすることは大変な問題です。軽々しく扱って欲しくないという思いがあるはずです。しかし卸会社のセールスマンの中には、その重大性をあまり理解していない人もいるようです。相談に対する回答は「じゃあ売ってください」と言うだけで、「親身に考えてくれているとは思えない」「買う以外の方策を提案する知識や能力がない」とまで仰る販売店経営者の方もいらっしゃいました。「ちょっと相談したらたちまち広がった」などという例もあるようです。今後ますます事業承継に関する事案は増えますから、こうした相談や情報入手時の対応について、卸会社等は社内ルールを徹底すると共に、「少なくとも自社からは情報が洩れない」ということを、取引販売店に示しておくべきだと思います。

次に、卸会社が自社の企業価値を正確に判断できないのではないかという懸念については、なかなか難しい問題があります。ＬＰガス業界の商権買収では、長年「顧客１軒あたりいくら」という大雑把な算定が行われていたため、M＆Aの企業査定のような細かな数字の裏付けが曖昧な場合が見られます。一方で、取引があるが故に企業評価においてのマイナス面を知っていて、取引がない会社の査定より低くなってしまう場合もあります。私たちもM＆Aを希望する販売店の譲渡先候補として取引先も含めて検討し、打診も行いますが、取引先の評価が一番低かったという例も少なくありません。

M＆Aにおける企業評価は、提示される買収価格で示されることは言うまでもありません。また購入する側の政策判断によっては、買収先の企業評価を大きく上回る価格提示がなされることもよくあります。それでも、譲渡側は（これはLPガス業界に限りませんが）1円でも高ければそこに売ると考えているわけではありません。譲渡に至った経営者の思いを理解し、従業員や顧客を託すに足るかどうかを見ているのです。「取引を通じて卸会社の実情を知っているので承継先の選択肢に入らない」という声がある一方で、「できることなら長年の取引先に引き受けてもらいたい」と考えている販売店経営者も少なくないのです。

「M＆A仲介会社に余計な手数料を払うより、直接交渉した方がお互いに良いではないか」という考えもあるでしょう。けれどもM＆Aコンサルタントの私からすれば、販売店が譲渡先を決めるというのは重大かつ難しい判断ですから、手数料を払ってでも「客観的な評価」を知り、かつ「複数業者の比較」をすべきだと思います。

もっとも、最近は卸会社のセールスマンでも、M＆A仲介会社が介在することを歓迎する人も出てきました。買収にあたって専門家に調査査定してもらうことでリスクヘッジすることができるからです。それに何よりも、自身の取引先がM＆A仲介会社によって他社に買収された場合は、「担当者の営業力不足だ」と会社から責め立てられることが少ないからという本音を語ってくれた方もいます。

もうひとつテクニカルなお話をします。

卸先への譲渡は事業譲渡が多くなります。業界で言うところの「商圏買収」です。一方で、販売店側としては一般的に「会社を残したい。自分の手で会社をなくしたくない」という思いがあります。その思いを叶えるには、株式譲渡スキームになります。この時点で、ＬＰガス事業以外の事業があったり、ＬＰガス事業以外のアセットや負債があると、複雑さは一気に増します。私がこれまでお手伝いさせていただいたＬＰガス販売事業者様でも、飲食事業や宿泊事業を営むなど他の事業に参画していたり、本社の土地は個人所有で建物のほうは会社所有となっているなど、アセットと負債が複雑になっている例が多くありました。このような場合に、譲渡対象をどうするのか、評価をどうするのか、といったことについて、当事者間ではなかなかうまく定まらないこともあります。その点は専門家を活用したほうが対処がスムーズです。

マンガでは、長年の付き合いのある卸会社の田辺常務は、大川社長がM＆Aコンサルタントを介して譲渡先を決めるという決断に理解を示したうえで、「ぜひ当社も候補に入れてください」と伝えています。これが、これからのM＆Aのあるべき形のひとつではないかと思います。

POINT

M&A仲介を利用するメリット

▼複数の相手先候補から選択できる
▼客観的な「企業評価」をしてくれる
▼条件交渉を代行してくれる
▼事業が多かったり資産が多い場合、整理をしてくれる

「顧客１軒いくら」がふつう　ＬＰガス販売業界のＭ＆Ａの特徴

Ｍ＆Ａの手続きや進め方は業種によって大きく異なることはありませんし、実績のあるＭ＆Ａ仲介会社は、契約成立までのしっかりとした業務のマニュアルも持っています。そして経験豊富なＭ＆Ａコンサルタントは、そこに業界ごとの特徴や担当する会社や経営者の特性などを踏まえて判断し、より円滑に進むようまとめていきます。本書の冒頭で述べたように、Ｍ＆Ａは案件ごとにそれぞれの事情があり、ひとつとして同じものはありません。毎回異なる事案であっても、問題の所在をしっかりと突き止め、Ｍ＆Ａの目的を達成するための最善な判断をしていくには、やはり経験と取り扱う業界の知識が必要です。私が「業界特化型のＭ＆Ａコンサルタント」を標榜する理由は、そこにあります。

これまで何度か触れてきたように、ＬＰガス販売業界のＭ＆Ａでは異業種と比べいくつか特徴的なことがあります。改めて列挙すると、

・譲渡先候補が圧倒的に多い
・組合（協業・協同）でも候補先がいる
・営業権が高い。過去実態利益の７倍以上
・営業権を顧客数で割る独特の習慣がある
・営業権に対するＬＰガス事業以外の収益の影響が小さい
・小規模会社の場合は事業譲渡が多い
・契約後に譲渡件数をカウントして最終価格が確定することがある
・譲渡先が取引先卸会社であることが他業種と比べて多い
・異業種マッチングが少ない
・ファンドへの譲渡例がない（活用されていない）

・金融機関経由でのマッチング少ない
・プラットフォーム経由のマッチングが少ない
・顧客への設備の無償貸与商習慣
・突然事業価値が下がるリスクもある

などです。

改めて言うまでもありませんが、現状のＬＰガス販売業界のＭ＆Ａは空前の「売り手市場」ですから、買い手である譲渡候補先は実に多いです。ＬＰガス販売はもともと高収益であり、新規顧客獲得コストが高騰してきたことから、営業権は異業種の常識をはるかに超えるものとなっています。ですから、こうした事情を知らずに一般的な営業権査定を行うと、業界内の「相場」を大きく下回ることになってしまいます。

営業権譲渡と事業譲渡は、売り手の事業の一部または全部を売却するという意味で実質的に同じです。２００６年の商法および会社法の改正以前は、買い手が個人で商法が適用される場合は営業権譲渡、買い手が法人で会社法が適用される場合は事業譲渡と分けた言い方がされていました。今は、営業権譲渡は法律的には事業譲渡の呼称に統一されています。かつてはＬＰガス業界でＭ＆Ａと言えば「顧客を売り渡す」ことで、営業権を含めた言い方の「商権譲渡」がほとんどでした。ですから、営業権を顧客数で割るという独特の習慣があります。

事業承継の方法には、商権譲渡を含む事業譲渡の他、会社分割や株式移転・株式交換などがあります。ＬＰガス販売店、とりわけ小規模店では、従来型の「顧客1軒あたりいくら」の商権譲渡や事業譲渡が大半です。顧客数を前提とした譲渡契約なので、譲渡後に顧客減が生じた際の返金スキームが生じることもあります。

また、営業権に対するＬＰガス事業以外の収益の影響が小さいのも特徴です。こうしたことは、業界を知らなければわからないことですし、売り手と買い手双方に理解を得る営業権査定も難しくなります。

この他にも、ＬＰガス販売業は販売登録や業務に各種の資格が必要であることから、同業者、とりわけ取引先卸会社が譲受することが異業種に比べて極めて多く、反対に、異業種マッチングはほとんど見られません。だからＭ＆Ａのプラットフォームもあまり必要とされていませんでした。

さらに、コーポレート機能を整えたり、ファンドが介入することで成長シナリオを描くことが容易ではなく、既存の営業権も高い傾向にあることから、ファンドの投資事例は聞きません。金融機関との融資取引が少ないことから、金融機関担当者との接点も異業種に比べれば少ないと言えます。また、一般的には儲かっている会社が多いので、できることなら現状の体制での経営を望んでいるのか、金融機関マッチングは異業種に比べてとても少ないのが特徴です。

そして後半の2項目、「顧客への設備の無償貸与の評価が影響する」と「突然事業価値が下がるリスクもある」は、厄介な問題です。これについては後ほど述べます。

いずれにしても、こうしたＬＰガス販売業界でのＭ＆Ａで特有とされる事柄の多くは、過去から長く続いた、「顧客1軒いくら」という卸会社による商権買収が事業承継の主流であったことに起因していると言えます。時代は変化していますから、これらは見直しする時期に来ていると私は思います。

POINT

ＬＰガス販売業界のＭ＆Ａの特徴

▼売り手市場で営業権が高い
▼営業権を顧客数で割る習慣
▼業界内Ｍ＆Ａが圧倒的

中小企業のM&Aでは
アドバイザーは不可欠

ＬＰガス小売販売店と卸会社との関係はさておき、ここで、M&A仲介会社はどんな仕事をするのか、それを使うメリットはどのようなことなのかを整理します。

中小企業のM&Aにおいて、アドバイザーは不可欠な存在です。中小企業では、上場企業のように公認会計士による法定監査を受けている決算書はありません。ふつうは税務上の処理に準じた会計処理がなされていますが、場合によっては、選択した会計処理が粉飾や逆粉飾に該当するなど、買収評価の根幹に関わる部分の信用性に問題があるケースもあります。また、中小企業では経営者やその一族など関連当事者との取引なども多くあり、中立的な視点から条件をまとめる仲介者＝アドバイザーがいなければ、M&Aの話を進めるのが大変困難です。

また特に中小規模の会社では、経営者が会社の課題に対してすべて一人で対応しているというケースも少なくありません。いざM&Aを進めるとなれば、煩雑で膨大な事務処理も発生します。それを経営者と共に判断し、処理していくアドバイザーの存在は、小規模企業であれば不可欠となります。

また、適切なアドバイザーがサポートすることによりM&Aの成立を後押しするばかりではなく、M&A成立後の後処理も円滑に行えるようになります。

こうしたアドバイザーの役を担うのが、M&A仲介会社であり、M&Aコンサルタントです。M&A仲介会社を活用する主なメリットを列記すると次のようなことが挙げられます。まず、ここまでに述べたように作業面では、

・客観的なアドバイスがある
・通常業務に集中しながらM&Aを進められる
・事業、財務状況、株主構成が入り組んでいても、スキームを提示してくれる

というメリットがあります。また、
・複数の候補先へ秘密裏に打診できる
・市場価格を下回ることなく成約できる
・成約後、トラブルが起きにくい
・直接では話しにくい条件交渉ができる
の4点は、前項の卸会社との直接交渉をすべきかどうかで述べた通りです。
　次いで、M＆A仲介会社は第三者の専門家であることから、
・途中で話が壊れても（キャンセルしても）後に尾を引くことがない
・事業の良さ、強化ポイント、潜在リスクを事前に説明してくれる
・基本合意から最終契約に移る際の条件変更を抑えられる
といったことがあります。

「事業の良さ、強化ポイント、潜在リスクを事前に説明」することは、第1章で述べた「よ

り良い会社づくり」という事業承継型M＆Aの大きな目的を実現するために不可欠です。また、きちんとしたM＆A仲介会社は、売り手、買い手の双方に公平に対応し、基本合意から最終契約に移る際に条件変更が生じないように進めていきます。

これがM＆A仲介会社とM＆Aコンサルタントを活用するメリットですが、言い換えれば、これをしっかりできるかどうかの見極めが、M＆A仲介会社・M＆Aコンサルタントを選ぶ際に大切になってきます。

近年、M＆Aのニーズが高まるにつれM＆A仲介会社の設立も増え、M＆Aコンサルタントを名乗る者も増えています。しかし中には、M＆Aについての専門的な知識や経験がなく、単なる買収ブローカーにすぎない自称「M＆Aコンサルタント」もいますので注意が必要です。

POINT

M&A仲介会社の選び方

▼単なる買収ブローカーに注意
▼企業価値を上げる提案ができる会社
▼売り手・買い手双方に公平に対応する会社
▼業界の特性を理解している会社

第4章

迷ったら「目的は何か」に立ち返る

その後
手続きが始まる
相手企業も見つかり
ついに基本合意まで
進んできた
¥??
大川社長は
帳簿確認など
さまざまな作業に
追われていた

はぁ…
あら…
元気がない
じゃない

ボソッ…
やっぱり売るの
やめようかな
え～～
今さら
どうしたの!?
プロパンガス

……

あと少しのところまで来たのに…
君やみんなが手伝ってくれることは心強い
しかし
現実味を帯びてきたらいろいろ不安が…

社長の不安なこと
① 疲れからくる不安定なメンタル
ドョーーーン…
はぁ…こんな感じで
この先大丈夫かなァ…
② 税理士の菊田くん
初めから相談してくれたら良かったのに
本当に大丈夫なんですか…？
③ 若手社員の宮嶋くん
キリッ
社長!! もうこの会社
僕が継ぐくらいの勢いで頑張りますよ!!
あら…これはマリッジブルー？

迷うのはそれだけ会社のことを思っているからよね
じっくり悩むべきよ
キラーン
のり子

中原さんにも相談してみたら？
スッ
そうだな！

こども食堂…
若い従業員の将来…

今まで
お世話になってきた
地域への恩返しが
できたら…と

いかん
フル
フル
いかん

弱気になって
ばかりでは
いられないいな！
ここまで
来たんだ！
頑張らないと

ホッ…
キュ

その息ですよ！
ラスト
スパートです

M＆Aの一般的な手順と成約までのスケジュール

マンガの大川社長は、M＆Aによる事業承継を決めた後、さまざまな手続きを経て相手先企業も決まりました。この間、書類の準備や候補先の方向性、譲渡後の会社体制、計画作成などいろいろな作業を一つひとつ進めていました。M＆Aの手続きの詳細は、他にたくさんの書籍が出ていますし、M＆A仲介会社のWebサイトにも掲載されています。基本的な手続きや手順は同じです。

M＆Aは成約に至るまで、早くても3か月、場合によっては1年以上の時間がかかることもあります。ここでは、比較的スムーズにいったマンガの大川さんの例での手続き・手順を、時系列で示してみましょう。

▼2月1日・個別相談

「まだ売ると決めたわけではないが、話だけは聞いてみたい」と大川さんは私を会社に呼びました。譲渡を完全に決断していなくても、将来的に選択肢のひとつとして考えている会社から相談を受けることがあります。そもそもＭ＆Ａとは何か、他社ではどのような事例があるのか、仮に自社が進める場合はどのような候補先が出てくるのか、またその数はどれくらいなのかといったことをお話しします。場合によっては、簡易的な株価の評価を行い、だいたいのイメージを示します。Ｍ＆Ａは事業承継のひとつの手法に過ぎません。そのため私からは、将来を見据えながら「Ｍ＆Ａを行うことで会社がどうなっていくのか」を想像してもらうことに主眼を置いたお話をします。また、事業が複数あったり、事業と関係が薄い資産が多い場合は、そのおおまかな対応案についてもご提案させていただきます。

▼3月15日・企業評価、株式価値評価書の作成

最初の面談の後、大川さんから「まずは企業評価をしてみてくれ」と言われ、株式価値評価書の作成を始めることにしました。決算書3期分を拝見し、企業評価を精緻に行いました。この企業評価は、いわゆる相続税評価を意識した株価の評価とはまったく別物になります。あくまでM&Aでの株価、つまり「のれん代」を加味しているので、将来的な収益などの価値を現在の価値に織り込んで計算するという考え方です。ですから、多くの場合、相続税評価を意識した株価より高く評価されます。大川社長はこのタイミングで初めて自社の評価額を知りました。

この企業評価は、オーナー社長にとっては、今まで会社経営上で頑張ってきたことが世間でどう評価されるのかを知ることになり、いろいろと発見があるはずです。

M&Aの企業評価は、大きく分けて次の三つの手法が一般的です。一つ目は、企業の純資産価値に着目した「コストアプローチ法」、二つ目は、株式市場における株価に着目した「マーケットアプローチ法」、そして三つ目が企業の収益力に着目した「インカムアプローチ法」です。

コストアプローチ法には、帳簿上の資産から負債を差し引いて、1株あたりで純資産の額を計上する「簿価純資産価額法」と、企業の資産・負債を時価評価して、差額の時価純資産価額を株主持ち分として計算する「時価純資産＋営業権法」とがあります。

マーケットアプローチ法には、株式市場における株価をもとに株式価値を計算する方法である「市場価額法」と、国税庁が業種ごとに公表する1株あたりの配当金額・利益金額・純資産価額と、それに対応する株価をベンチマークし、対象会社の1株あたりの配当金額・利益金額・純資産価額から、株式価値を計算する「類似業種比準法」とがあります。

そして、インカムアプローチ法としては、企業の予想利益を資本還元率で除して株式価値を計算する「収益還元法」、企業からの配当金額を資本還元率で除して株式価値を計算する「配当還元法」があります。

M＆Aでの売り手側が行う企業評価は、これらの評価法のうちどれか、あるいは組み合わせにより、最も評価が高い、有利なものを選択して行われます。ＬＰガス販売店の場合「純資産＋営業権」もしくは「ネットキャッシュ＋営業権」での計算が多く、営業権は顧客の軒数をメインに、エリア、規模、内容などが加味されます。地域によりますが、顧客1軒あたり10～25万円が相場とされています。顧客数3000軒で配送先が集中している大川さんの会社の場合、営業権と他の資産を含めて企業評価はおよそ7億5千万円となりました。

▼4月28日・アドバイザリー業務契約書の締結

最初の相談から3か月、5回の面談と会食の機会を経て、大川さんの決心も固まったことから、正式に相手探しを依頼するアドバイザリー業務契約を締結することとなりました。ここでは、依頼したM＆A仲介会社にのみ、その後の交渉事を任せるという専任の契約を結ぶのが一般的です。もちろん非専任の契約もあり、その場合は複数のM＆A仲介会社と契約し、それぞれから候補先企業を紹介されます。一見、たくさんの候補者の中から選ぶことができるように思われますが、売り手市場であるLPガス販売業界の場合、M＆A仲介会社が持つ買い手候補の多くは重複しています。同じ買い手に複数のM＆A仲介会社から自社が案件として持ち込まれたり、候補者の比較基準がM＆A仲介会社によって異なったりします。一般的なM＆A同様、

ＬＰガス販売店のＭ＆Ａにおいても専任契約の方が無難だと私も思います。ただし「セカンドオピニオン」を持つことも大切ですから、その場合は契約においてその旨を確認しておく必要があります。

アドバイザリー業務契約書では、Ｍ＆Ａに必要な書類の草案作成や譲渡候補先探し、交渉の調整や成約までのスケジュール管理など業務の内容と範囲、着手金の有無や成功報酬の金額、その支払いのタイミングなどを細かく決めます。特に業務の範囲などについて、しっかりと確認して契約するようにしましょう。

ときどき聞く話ですが、着手金がかからないということで気軽に契約書を交わしてしまったところ、後でＭ＆Ａ仲介会社の変更ができなくなったということがあります。契約上、候補先としてそれまでに情報を共有された会社については、次の仲介会社では提案を行うことができないというケースは決して例外的なことではありません。契約時には、どのようなことが制限されるのかの確認が大切です。

▼5月10日・インタビュー

これまでの面談等ですでにさまざまな情報を得ていますが、ここで改めて、買い手側へ提案するための資料づくりのためのヒアリング、インタビューを行います。基本項目は、①オーナー様個人とご家族のこと ②ビジネスフロー ③従業員 ④お取引先 ⑤資産 ⑥社内規定 ⑦金融機関取引……などです。

ＬＰガス販売業者のＭ＆Ａの場合は、供給先顧客数や年間の販売量、自社で行っている保安や配送の内容・範囲、顧客から預かっている保証金や集金形態、検針から入金までのサイクルといったことも加わります。

また、⑥の社内規定については、退職金規定や残業給の扱いなども伺います。従業員の退職金や未払い残業代等は譲受企業が引き受けることになりますので、可能な限り正確な情報が必要となります。また、ここでヒアリングした内容が企業評価を行ううえでの基礎になりますので、誤っていたり曖昧であったり、ましてや虚偽の情報があると、成約後のトラブルになりかねません。

▼6月10日・案件化・企業評価書の完成

相手探しまでの段階で最も重要な段階です。ここでは、譲受候補企業に提案できる状態まで進めるための提案書（企業概要書）づくりと企業評価書づくりをします。大川さんの会社では、この作業に30日間を要しました。

買い手にしっかりと伝えられる概要書をつくるために、経営者とコンサルタントとで相談をしながら進めていきます。買い手候補企業は、この企業概要書を見てその後の交渉を進めるか判断するので、事業の特徴を資料に落とし込みます。また同時に、M＆Aを進めるうえでのリスクの洗い出しも求められます。

M＆Aは「成約後にトラブルが起きること」がお互いにとって最も不幸なことです。私も毎回、クライアントから膨大な資料を預かり、それらを一つ一つ精査して作業を進めています。さらに税理士や公認会計士、弁護士、司法書士など専門家の目を通しながら、リスクがないか、M

&A前後で対応しなければいけない事項はないか、M&Aの実行を妨げるような契約書等がないかなど、ありとあらゆる調査をして企業の全容を把握します。それらに加えて、業界専門のコンサルタントによる、各々の業界特有の論点の検討を行っていく場合もあります。

LPガス販売業の場合は、法令で定められた保安関係がしっかり行われているか、顧客台帳と実際の顧客の状況が一致しているかなども重要なポイントになります。保安の不備は譲受企業にとってリスクとなりますし、買収後にその改善のために大きな費用が生じる可能性があるからです。

▼6月10日・相手探し・候補先の決定

企業評価書が確定したら相手探しです。まず「ロングリスト」と呼ばれる譲受の候補先のリストを作成します。コンサルタントがこれまで蓄積した買い手の譲受ニーズをもとに、提案する会社の候補をリストアップしていきます。売り手市場であればM&A仲介会社には当然すでに多くの候補先がありますが、候補先の中には売り手の経営者の知り合いや取引先が含まれるケースもあります。どの候補先に実際に提案してよいか、経営者と確認していきます。

私の場合、単に手持ちの買い手候補からだけ提案するわけではありません。「業界特化型」ということで、日頃からネットワークを駆使し、買い手候補となり得る会社の情報を集めています。マンガにあるように、売り手経営者がこだわりを持っていることに応えられる買い手候補を探し、ご提案します。

候補者の数は多すぎれば選択が大変です。しかし絞りすぎてもよくありません。ベストなパートナーを探すという観点からは、候補先は多いに越したことはありません。こうしたバランスを配慮し、経営者の選択、判断をサポートするのがコンサルタントの役割です。また、候補先の情報についてはその企業の情報だけではなく、候補先の経営者（オーナー会社の場合はオーナー）の人となり、過去のＭ＆Ａ実績（特にグループ入りした企業の話）などを確認することも大事です。

▼7月1日・買い手企業とのアドバイザリー契約書締結

候補先を絞り込み、そこに対して「ノンネーム」と言われる会社が特定できない範囲での情報開示資料を用いて提案します。そして興味・関心の度合いを測ったうえで、「関心あり」という買い手候補と秘密保持契約書を締結し、企業概要書を提示します。その後、買い手候補とコンサルタントで概要書の内容の詳細や条件等についてのやり取りを重ね、買い手として正式に交渉を進めたいという表明があれば、売り手＝譲渡企業の経営者の承諾を得て、買い手＝譲受候補企業とM＆A仲介会社は、提携仲介契約を締結します。

▼7月15日・トップ面談

提携仲介契約が締結された後、買い手企業と売り手企業とのトップ面談を開催します。トップ面談は条件交渉をするよりも、お互いの人となりや創業の経緯、会社の文化を知ることが大切な場です。オーナー経営者が育ててきた会社を託せそうな相手かどうかを見極める機会です。譲渡側の譲渡理由や譲受側の今後の戦略等についても、この場で意見交換をしていきます。時間にして1時間から2時間程度で、このトップ面談は複数社と行うこともあります。トップ面談は1回で終わることもあれば、複数回実施することもあります。2回目以降は会食をしたり、買い手企業を見学してもらったりすることもあります。回数を重ねることで、お互いの会社、従業員に対する思いが通じ合っていき、一緒になった後のイメージがどんどん鮮明になっていきます。

▼8月15日・基本合意

トップ面談を経て双方で契約に向けた信頼関係が結べると判断でき、譲渡企業と譲受企業の両社で合意がなされた場合、条件交渉を経て、基本合意の締結に進みます。結婚で言えば婚約にあたり、ここからはその1社とのみ交渉をしていくことになります。言い換えれば、基本合意の締結までは、複数の相手先候補と、トップ面談までできるということです。

基本合意で初めて、譲渡企業と譲受企業が書面を直接交わすことになります。基本合意書は、価格、その他付帯条件（取締役の処遇や資産買い取り条件等）、スケジュール、秘密保持といった要素を抑えて約束します。

基本合意の後にデューデリジェンス（DD＝買収監査）がありますが、この時点で公表している情報や取り決めている事項について、理由なく変更することはルール違反となります。「基本」の意はそういう意味で、基本合意書内の条項には法的拘束力があり、しっかりと両社の意見を組み込んだうえでつくっていかなければなりません。ですから、ここでは次の点に十分注意します。

・可能な限り細かいところまで条件を詰め切る（後半にいけばいくほど、交渉において売主は不利になることが多くなります）
・スケジュールは長くしすぎない（情報漏洩リスクなどが高まります）
・独占交渉権
・最終契約書のひな型を確認

POINT

M&Aのスケジュール①

▼秘密保持契約締結、資料収集、企業概要書作成が「準備段階」

▼候補先選定、トップ面談が「交渉段階」

▼正確で正直な資料を提示し、誠意ある相手を選ぶ

マリッジブルーは誰にも起きる
迷いや不安は抱え込まずに

マンガでは基本合意までできたところで、大川さんに迷いが生じます。傍らで見ていた奥様は「これってマリッジブルー？」とつぶやきます。マリッジブルーとは、結婚を前に結婚生活や結婚相手への不安から、憂鬱な気持ちになってしまうことを指す言葉です。Ｍ＆Ａも企業間の結婚のようなものですが、契約の直前になってこのような気分になる経営者は大変多いのです。程度の差こそあれほとんどの方が、マリッジブルー状態に陥ります。

理由はさまざまです。Ｍ＆Ａは大きな選択ですから、その判断に誤りがなかったか不安になるのは当然です。Ｍ＆Ａは契約が確定するまでは経営者だけ、あるいはごく少数の人だけで準備を進めます。揃えたり確認したりする資料は膨大で、場合によってはそれを経営者一人だけで処理しなければならないことがあります。私も、経営者の方と二人だけで倉庫に行ったり社長室に籠ったりして作業したことが何度もあります。疲れと孤独感で、メンタルが不安定になってしまう経営者の方も少なくありません。

秘密裏に進めていても、やはりどこかのタイミングでは関係者に順に伝えなくてはなりません。幹部社員や顧問の税理士、弁護士には、Ｍ＆Ａの手続きを進めるうえで、どこかのタイミングからは協力を仰がねばなりません。

こうした方々の中には、経営者が思う以上に会社や経営者のことを思っている人もいます。幹部社員、顧問の税理士や弁護士、経営コンサルタントなど経営者の相談相手として自他共に任じてきた人の中には、決定後に知らされてショックを受けたり、交渉の途中で知らされて反対に回ったりするといった例もないわけではありません。誰でも、自身が関与していない重大決定については、そこに不備や問題点がないかを探り、確認します。そのことは善意から出発していても、決定を下した側からすると、決定に反対するためのネガティブな反応です。身近な方、信頼している方からの反対というのは、その検証や丁寧な説明はもちろん大切ですが、経営者にとっては大きなストレスです。

そんな中でも、一方で日常の経営活動は続けなければなりません。その日常では、売上をつくるための工夫や取引先との交渉、顧客対応や争奪などがありますが、経営に嫌気がさすような事態であれば、M＆Aを急ごうという気持ちが働きます。しかし往々にして、逆の事態も起こるものです。大型案件を受注し、向こう数年間、確実な売り上げが保証されることになったとか、自身の扱う商材が将来さらに有望であるという識者の発言を聞いたり、とか。

大川さんの場合、自社の従業員から後継者を選ぶことができないということが、M＆Aを選択した大きな理由のひとつでした。しかし、若手の従業員と話していたら、本人は自分が将来この会社の社長になるつもりで働いているという。それならば……などといろいろ迷いが生じるようなことも起きていました。

このような場合、どう対処すればいいのでしょうか。

私は経営者ご本人が納得するまで待つようにしています。迷いや不安を持ったまま契約に進んでも、良い結果にはならないと考えるからです。ただし、経験上言えることは、最初の決断の際に十分検討していますので、それを覆すような新たな結論が導かれることはほとんどありません。基本合意まで来ているところで白紙に戻すことは、また最初から振り出しに戻ることになります。同じ相手との交渉もできないことはありませんが、相手の持つ印象は変わります。そのことはお伝えしたうえで、考える時間を持っていただきます。

周囲に相談できる人がいないことで孤独感が強まるなら、基本合意の前後では、自身にとって大切な人、信頼できる人には情報を明かして、正直な気持ちを吐露するという方法もあります。大川さんの場合は、一緒に会社をやってきた奥様に自分の迷いを話しています。奥様は私に再度相談するよう促していますが、やはり最終的な決断をするのは大川さんご本人です。迷いや不安は、抱え込まずに人に話すことで、多くは解決するものです。

POINT

土壇場での迷いの克服策

▼直前の迷いは必ずあると知っておく

▼冷静に「目的は何か」に立ち返る

▼抱え込まずに相談する

いつまで秘密で進めるか
誰から順に伝えるか

マンガでマリッジブルーになった大川さんを激励する奥様は、最初、大川さんの迷いを聞いた時、「今さらどうしたの」と仰います。どうやら、奥様自身は事業譲渡することで心が決まっていたようです。大川さんがどの時点でＭ＆Ａのことを奥様に打ち明けたのかは、マンガには描いてありません。

ＬＰガス販売業に限らず、中小規模のオーナー会社では旦那様と奥様のご夫婦で会社経営の中核を担っている場合が少なくありません。ＬＰガス販売業界では女性社長はまだまだ少なく、先代オーナーの娘さんや未亡人という方がほとんどです。「旦那様と奥様」という言い方は、今の時代は適切ではないかもしれませんが、大川さんの会社のように、男性配偶者が社長で女性配偶者が経理の一切を取り仕切っている例は多いかと思います。女性配偶者、ここでは奥様と書きますが、こうした方は夫である社長以上に、会社に対して強い愛情を持っています。それならばM＆Aには断固反対かというと、私の経験では、意外と男性よりも割り切りが早いと感じます。

ここで、少し前の、第2章のマンガを思い出してください。

大川さんは会社の将来と自分自身の将来の不安を払しょくし、M＆Aでの事業承継を決意します。そしてそのことを周囲に伝えようとした時、コンサルタントの私は、そこで待ったをかけました。

M＆Aは多くの場合秘密裏に進められます。すべてが確定してから発表するのが定番です。経営者の家族も直前まで知らされなかったとか、従業員は新しい経営者がやってきて初めて知らされたということが、ごくふつうにあり得ます。

M＆Aがこのように秘密裏に行われるため、私たちコンサルタントも含め契約に関係した人間は、Ｍ＆Ａ成立後に公になったこと以外に、何か特別なことを隠しているのではないかと疑われたり、うさん臭く思われたりすることもあります。守秘義務がありますので、契約の内容や経緯について問われても説明はしません。

Ｍ＆Ａが秘密裏に行われるのは、やむを得ない事情があります。

Ｍ＆Ａは会社の大小に関わらず、秘密保持が大変重要とされています。上場企業にとっては、Ｍ＆Ａはインサイダー情報に該当するケースが多いので、秘密漏洩があった場合には、投資家保護の観点から問題となります。では、インサイダー取引などとは無関係な中小企業にとっては何が問題となるのか。ひとつは、Ｍ＆Ａ情報の漏洩は、風評被害を受けるリスクを高めるということです。

中小企業のＭ＆Ａは取引先にとってもメリットがある場合がほとんどです。にも関わらず、Ｍ＆Ａの成約を待たずに第三者から取引先に情報が漏れた場合、実態とは異なる伝わり方をして、取引先によからぬ心配を与える可能性があります。これまで何度も述べてきたように、Ｍ

&Aにはまだまだネガティブな印象を持つ人が多く、M&A=経営危機による身売りと理解する人もいるからです。「身売りしなければならないほど、困窮した状況だったのか。これからは、取引においても現金決済を求めなければ与信の観点で問題があるな」とあらぬ方向に取引先が行動を起こしてしまうケースが、実際にあるのです。

LPガス販売店の場合は、複数の卸会社と取引している場合が大半です。メインの卸会社は取引店の事業承継は自社が行うと考えている場合も多いので、M&Aで他社への譲渡を考えていると知ると、それを阻止する行動に出る場合もあります。ある地域では、M&Aが決まった販売店の顧客に対して「あの店は潰れることになった」と伝えて切替勧誘したという悪質な例もあります。

また、メイン以外の卸業者も、今後の取引増が見込めないために取引条件が悪くなる場合もあります。M&Aを決めてもすぐに決着するとは限りませんので、決まるまでは他の取引先に知られずにいたほうが余計な煩わしさを回避できます。

従業員に対しても、情報開示はＭ＆Ａの決済後にするのがふつうです。決済までは確定しないことがあり、事前に伝えると、従業員それぞれに自身の雇用の維持や待遇などがどうなるかという不安を煽ることになりかねません。従業員同士が不確かな情報で会社のＭ＆Ａについて話したり、取引先に確認したりすることで、誤った風評が拡散することもあります。

秘密はいろいろなところから漏れます。ですから、秘密を知っている人は少数であればあるに越したことがありません。けれども、経営者以外はまったく知らなかったという状態で最後まで進めるのはなかなか難しいのも事実です。譲渡先が決まった後は、さまざまな資料作成も必要ですから、経営者だけでそれを行うのは困難です。もちろん、そのために私たちコンサルタントがお手伝いするわけですが、幹部や経営者の配偶者などキーマンには、どういう順番で、どのタイミングで伝えるかをしっかりと決めておく必要があります。

オーナー社長がご家族、とりわけ奥様にどのタイミングでＭ＆Ａのことを打ち明けるかは、それぞれのご家族の関係性や、それぞれの会社への関わり方、性格などにより異なります。相続対策と同様に、家族間で事業相続についてしっかりと話し合っていて、その選択肢の一つにM＆Aを入れておけば、社長がその決心や決定を話しても、驚かれることはありません。売る売らないは別として、奥様や後継候補であるお子様に、私たちM＆Aコンサルタントを使ってレクチャーをする機会をつくっておくことも大切だと思います。

M＆Aを進めていて土壇場でオーナー家族の反対があったりするのは大変厄介なことです。反対を押し切って進めて、成約後もわだかまりが残るのも避けたいところです。M＆A後の人間関係も十分考えたうえで、誰にどのタイミングで話をするか。それをオーナー経営者と共に検討しアドバイスすることも、私たちM＆Aコンサルタントの重要な仕事です。

POINT

秘密の開示の順番

▼情報を知る人は可能な限り少なくする
▼情報を開示する相手の順番を慎重に検討する
▼M＆A後の人間関係も十分考えたうえで開示する

第5章

その先に
夢と希望がある選択を

大川社長は
さまざまな
手続きを
乗り越え 遂に
契約書

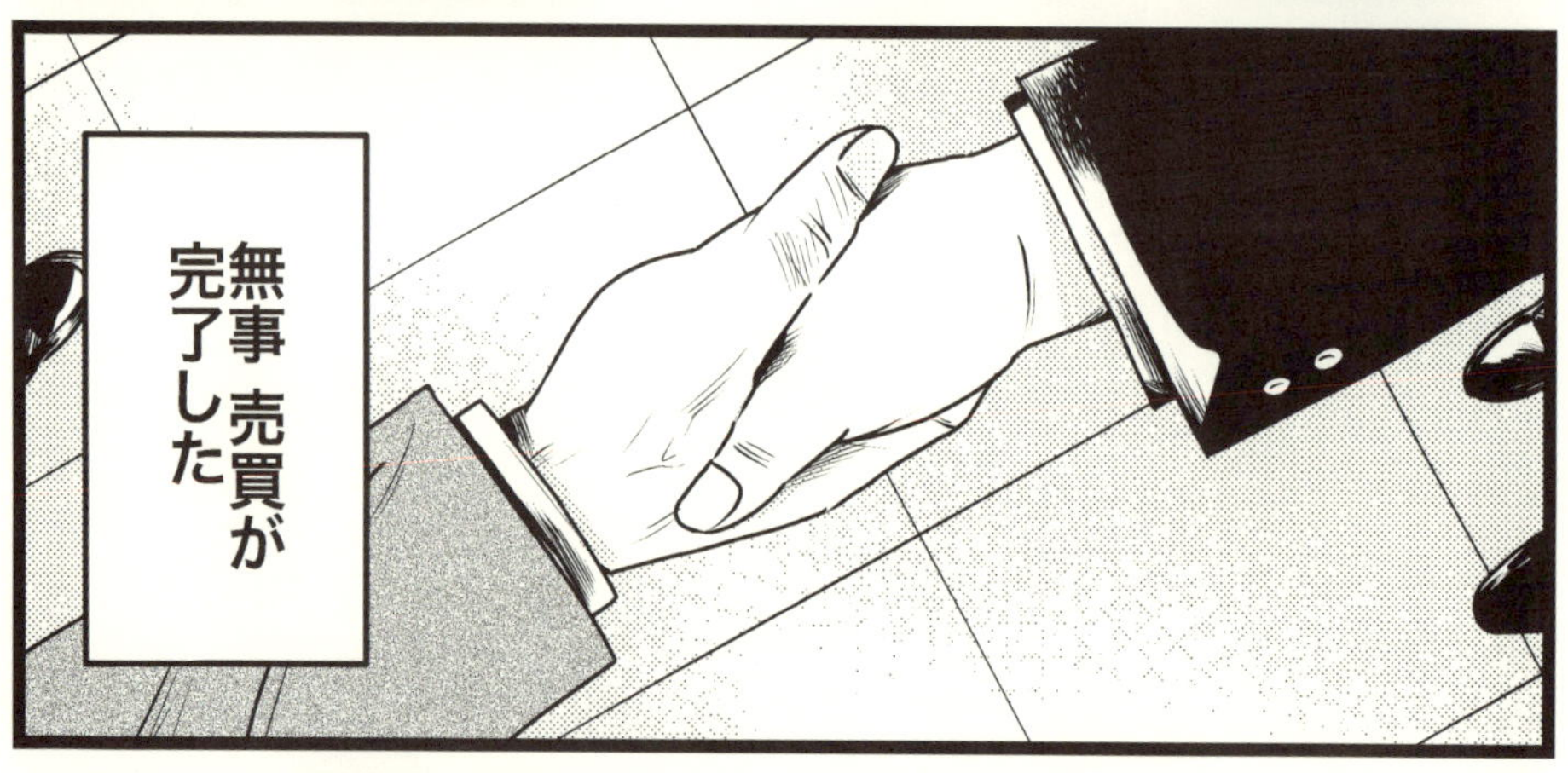
無事 売買が
完了した

数か月後

やっと
落ち着いてきたな
コーヒーがうまい
お疲れ様
です
その後いかがですか？
ご家族や従業員の方々は

古参の田村くんからは梨が届いてね
元気にしてるとの手紙をもらったよ

若手の宮嶋くんは新しい環境で雇用条件も良くなったみたいなんだ
ますます仕事に熱が入ってるみたいだよ

妻は最初は驚いてはいたが受け入れてくれて
今では心労が軽くなったと趣味を楽しんでるよ

それはいいですね
こども食堂のほうはいかがですか?

ひと言でこども食堂と言っても子供たちに何が必要か
地域の人とのコミュニケーションも大切だからな
場所探しや食材などの調達に娘と走り回ったよ

大忙しですね
でもそれが楽しくてね
あ! そうだ君に

!!
これって

少しずつだが
形になってきてるよ
こども
無料
こども食堂
かわいらしい
ですね！
美味しいよ！
日時：○月×日

ぜひ来てくれよ
もちろんですよ
こども
無料

順調そうで
良かったです
ああ

最初は不安なことも
あったがな
いま思えば
思い切って
やってみて
良かったよ

改めて
ありがとう
ガシッ
こちらこそ
ですよ！

ああ!!
いけない！
娘と新メニューの
プラン出しが
あったんだ！
それは大変！
急いだほうが
いいですね
こうして大川社長の
M&Aの
道のりは終わり
新たな物語が
始まるのであった
レスト

基本合意から成約へ
クロージングまで油断できない

基本合意以降のスケジュールについて、大川社長の例で見てみましょう。

▼8月末～9月末・買収監査

基本合意を経て、買収監査＝デューデリジェンス（ＤＤ）が行われます。前述した通り、基本合意書内の条項には一定の法的拘束力があり、その内容を理由なく変更することはできませんが、最終契約締結前に譲受企業が自身の目で、「これまで共有された情報に大きな間違いがないか」を確認するのがＤＤです。

ここで粗探しされて買収価格を値引きされるのではと心配する売り手の方もいるようです。相対での売買交渉では、そういったことがないわけでもありません。しかし、私たちＭ＆Ａコンサルタントが入っている場合は、そのような心配は基本的に不要かと思います。基本合意に向けてあらかじめ用意した情報がしっかりしたものであれば、監査はその確認と、Ｍ＆Ａ成立後の引継ぎをスムーズにするために事前に全容を把握しておくためのものだと理解してください。

以上はマンガの主人公である売る側＝譲渡側の視点からの説明でしたが、ここで買う側＝譲受側の方に向けて付け加えます。

ＤＤは譲受側にとってとても大切なことです。取引先の卸会社が相対で譲受する場合、「相手の事業はよく知っているから」と、「決算書や試算表だけ確認させてもらえれば大丈夫。お金をかけてまで詳しく調査しなくてもよい」などと、このフェーズを飛ばしてしまう例もあるようですが、それは大変に危険です。契約後に譲受側が知らない事項、隠れたリスクや隠されていた問題点が明らかになった時は、それは譲受側の責となります。

ＬＰガス販売業界のＭ＆Ａで、卸会社のセールスマンの中には「Ｍ＆Ａは相対でやれば無駄な費用がかからない」と買収ターゲットの販売店に話す人もいるようですが、必要な工程に費用を惜しむと大きな代償を払うことにもなりかねないということは知っておいていただきたいと思います。

ＤＤを専門に扱っているプロフェッショナルに適正な費用を払って依頼することが賢明です。言うまでもなく私たちＭ＆ＡコンサルタントはＤの専門家であり、必要に応じて税務や法務などはこの分野で経験豊富な専門資格者と共に監査を行います。

コストを惜しんで自社の経理部門や顧問の税理士、公認会計士などに任せた場合、その方々が不慣れな場合、監査の重要なポイントを見落とすことも考えられます。また、譲渡側への質問の仕方や対応に配慮を欠くと「粗探しをされるのでは」という誤解を生じさせたり、ストレスや不快感を与えることにもなりかねません。

マンガでは大川さんのマリッジブルーは基本合意の後でしたが、買う気でいる譲受側に対して、ＤＤでのやり取りで譲渡側から辞退を申し出られてしまうという例もあるので注意が必要です。

このようにＤＤは専門知識だけでなく譲渡側の心情を理解したうえでの対応が必要です。そういう意味からも、私たちＭ＆Ａコンサルタントにお任せいただきたいと、譲受側の方には特に申し上げたいと思います。

ＤＤで仮に指摘事項があった場合は、それに関連する事項についての見直しが必要となることは言うまでもありません。そしてそれらがクリアとなったところで、ＤＤは無事終了ということになります。

ＤＤが終了した段階で最終の契約となりますが、最終契約の締結日や譲渡日等に、売り手側は表明保証を行います。表明保証とは、売り手が買い手に対して、財務や法務等に関する一定の事項が真実かつ正確であることを表明し、その内容を保証するものです。その内容とは、ＤＤによって買い手が把握した内容です。

▼10月15日・最終契約確認

最終契約書は株式譲渡契約書の場合、SPA（Stock Purchase Agreement）とも略されます。この契約書に署名捺印する前に、売り手側は特に、譲渡後の義務の理解や契約に関しての特別保証の有無、あるとすればその内容等について理解しておくことが必要です。そのうえで、最後の条件交渉を経て、最終契約の締結に入ります。

▼11月15日・最終締結・決裁・開示日

一般的には、最終契約の締結と決済（株式譲渡）を同日に行うのがセオリーです。したがって契約書には株式譲渡の費用が決済される日が契約の発効日となることが書かれています。契約にもとづき諸手続きが行われ、ふつうは譲渡費用が銀行振込された時点で契約履行となります。

この決済日をもって、それまで秘匿されていた交渉はオープン化されます。多くの場合、この日に、それまで知らされていなかった従業員らへの発表が行われます。もちろん、最終契約書を交わした段階で、もうもとに戻ることはありませんから、必要な相手先には順次知らせていくことになります。

ここで大切なのは、前章でも述べたように、どこに（誰に）、いつ伝えるかのスケジュールをしっかり立てておくと言うことです。例えば取引先金融機関に事前に話をしていない場合、決済日にいきなり大きな入金があると金融機関の担当者を驚かせることにもなります。一般従業員に知らせるのは開示日であっても、幹部や管理職には少し早く知らせるなど、Ｍ＆Ａ後の職場の秩序維持に配慮する必要もあります。その意味からも、開示の原則は売り手から買い手の順であるべきです。売り手側の従業員が知らされていないのに、買い手側の従業員が先に相手や別の取引先等にＭ＆Ａのことを知らせるのは、あまり良いことだとは言えません。

会社によっては開示日にＭ＆Ａ成約のセレモニーを行うところもあります。新旧経営陣が揃って売り手側従業員と対面し、今後の方針等について説明する機会を設けるというものです。新たな体制に対する不安を払しょくすることで、従業員が会社と自身の新しい出発をより前向きにとらえられるようにしていきます。

以上、マンガでの例をもとに一般的なM＆Aのスケジュールをまとめました。このように、相談からクロージングまで抑えるべきさまざまなポイントがあります。M＆Aは関わる人が多いので、一つでもおろそかにすると、微妙な認識のずれが生まれてしまい、それが大きなトラブルに発展しかねません。手順を順守することが、M＆Aを成功に導く第一歩だとも言えます。

また、M＆Aの成立は相手先あっての話です。「いつM＆Aができるのか」「良い相手が出てくるのか」「交渉は進んでいるが、途中で破談にならないか」という点については最後までわからないと考えるべきです。売り手市場と言われるLPガス業界であっても、簡単・短期間に決まるとは考えずに臨むべきです。

POINT

M&Aのスケジュール②

▼基本合意契約、買収監査、最終契約、クロージングが「契約段階」

▼開示（情報公開）は売り手が先、買い手側は後の順

▼従業員に開示する時は新経営陣から今後について必ず説明する

M&A交渉中のトラブル
高齢化社会の進展で今後も増える!?

マンガの大川さんのM&Aは、途中、本人がマリッジブルーになったことを除けば、ほぼ順調に進みました。しかし実際のM&Aでは、途中、さまざまなことが生じます。

よくあるのは、情報が漏れたことによるトラブルです。不確かな情報が取引先などに拡散することによる信用不安や従業員の動揺などは、前にも書いた通りです。また、信頼して話した相手が反対し、そのことで情報が漏れたり関係者が対立したりするということもあります。繰り返しになりますが、情報の開示をいつ、どのようにするかは慎重に検討しましょう。

企業評価書の作成の過程で問題点が見つかることもあります。LPガス販売業での事例では、経営者が現場をしっかり把握できていなくて、顧客数や保安の実施状況が、経営者本人の認識と実態とに大きな差があったといったことも実際に起きています。そこに気づかず企業評価書が作成され、買収査定のＤＤの段階で発覚すると、買い手との信頼関係は大きく崩れます。

また、交渉し基本合意に進んでいる段階で、経営上の思わぬトラブルが生じることもあります。経営の根幹を揺るがすような取引上の問題や不祥事、従業員の大量退職といった事件の発生です。ＬＰガス販売業の場合であれば、大量の切替え解約なども考えられます。ガス事故については、販売業者側に賠償責任がある事故の場合は、交渉が中断され見直しされることもあります。

私が手掛けた案件でも、基本合意の後に売り手のＬＰガス販売店が賠償を伴う事故を起こしました。売り手側の社長は買い手側の社長に対して、事故によるマイナスイメージが買い手企業に影響を及ぼしては申し訳ないと譲渡の辞退を申し出ました。しかし買い手側の社長は、「この仕事をしていれば常に事故のリスクはあります」と、予定通り事業譲受を進めてくださいました。

そしてもう一つの問題が、当事者の高齢化です。これはLPガス販売業に限ったことではありませんが、高齢の経営者の場合、契約当事者としての判断能力に疑問符がつくようなこともあります。認知能力の低下や認知症の発症は人それぞれで、年齢だけでは判断できません。しっかりしている方でも、年齢と共に物忘れがひどくなり、約束したことを忘れてしまうことが頻繁に生じるということもあります。

中小企業のM&Aは、経営者一人だけで対応する場合がほとんどです。そのような場合で、経営者の判断能力に疑問符がつくようでは、契約自体が無効になりかねません。そもそも、そのような方が一人で契約交渉に臨んでよいのかという問題もあります。この問題は、いずれ法的な規制による対応策が講じられるのではないかと私は考えています。

M&Aを進めるうえでの秘密保持のためには、可能な限り少人数で対応すべきですが、高齢の経営者の場合は、やはり信頼できる方と複数で検討や交渉事に臨むべきだと思います。前にも書きましたが、オーナー社長は、相続や事業承継についてお元気なうちから家族や、場合によっては経営幹部と話し合いをしておくべきだと考えます。
第1章でも書いたように、売ると決めてから私たちM＆Aコンサルタントの話を聞くのではなく、先々に向けた情報収集として話を聞いたり、M＆A以外の選択肢も含めた事業承継に向けたコンサルタント契約をしておくことをお勧めします。

POINT

M＆A交渉中のトラブル

▼隠れていた問題点が明らかになることがある
▼事故やトラブルで交渉中断もあり得る
▼経営者の高齢化に備えた事前準備が必要

LPガス業界にも
成長戦略のためのM&Aが増えるべき

マンガの大川社長は、LPガス事業を他社に承継してもらい、娘さんの飲食店経営に地域貢献＝「子ども食堂」の併営を条件に出資し、ご自身のセカンドステージを歩み始めます。やりたいことをやる、まさに未来に向けたM&Aです。そして何よりも、LPガス事業を託した先で元従業員が生き生きと働いていることが何よりです。こうした姿が見られることこそが、輝く未来のための事業承継なのです。

この大川さんのマンガとはタイプが異なる、輝く未来のためのM&Aについてもご紹介したいと思います。

第2章で、リフォームや修繕、工事など、得意分野で伸ばしていけると判断できる事業に特化していくために、ＬＰガス事業をＭ＆Ａで譲渡する選択があるということをご紹介しました。けれども、現状ではそういう事例はごくわずかです。私はこうした事例がもっともっと増えるべきではないかと思います。

私がお手伝いした異業者の事例では、経営者が自らつくった営業基盤をより拡大し事業プランを実現していくために、自社よりも規模が大きく人や体制がしっかりした組織に入って行ったほうが早いと自身で判断し、Ｍ＆Ａに踏み切ったという例がいくつかあります。

以前お手伝いをした、太陽光関係の会社のＭ＆Ａの事例をご紹介しましょう。この会社は売上高7億円、従業員15名で、８年前に創業した社長は40代前半の方でした。業績は好調でしたが、社長は「成長の壁」を感じていました。起業家ネットワーク等にも参加して情報収集に励んでいましたが、なかなか自社事業につながるきっかけをつかめずにいたのです。そのような中で、「企業価値評価」を知りたくてＭ＆Ａコンサルタントである私と会うことになりました。

お会いした当初、その社長のＭ＆Ａのご理解は「事業承継に困った高齢経営者か、事業に困っている経営者が助けを求めるもの。経営者として〝逃げ〟の選択」というものでした。

私が〝攻め〟のＭ＆Ａについてご説明したところ、社長が思い描く企業の成長の近道として理解されたようで、少し興味を持っていただけました。そして「どんな会社が手を挙げるか見てみよう」ということで相手探しをすることになりました。結果、多くの企業が名乗りを上げ、その中から数十億円規模の同業者を選ぶことにしました。選んだ理由は、企業の規模やＭ＆Ａ後の相乗効果による事業の伸びへの期待以上に、相手先の創業オーナーの魅力に惹かれたということでした。契約後は相手企業の経営陣に加わり、以前ではとても叶わなかったシステムの導入や広告宣伝により、自身が描いた夢の実現に向けて邁進しています。

この事例は、異業種の比較的若い経営者の間では当然のように行われている「成長戦略を実現するためのＭ＆Ａ」です。社長自身の年齢というよりは、時代に合わせて会社がどう舵を切ればいいかを考え、事業プラン実現のための効率的かつ効果的な方法としてＭ＆Ａを選択するというものです。時代環境への対応、規模の拡大や雇用環境の維持など目的はさまざまですが、共通していることは事業の一層の発展を目指しているということです。成長型Ｍ＆Ａでは事業承継型とは異なり、元の社長がそのまま社長・経営陣として残ることもあります。

実は私も、成長型Ｍ＆Ａを選択しています。独立し創業した自分の会社は、私が社長を継続したままＧＡグループに経営統合されています。私が以前から構想しているＭ＆Ａの領域にテクノロジーを持ち込むことを早期に実現するためには、この分野に力を持つ企業グループの傘下となることが最善と判断したからです。

私は現在、ＬＰガス業界に特化したＭ＆Ａコンサルタントをしていますが、ＬＰガス業界にも成長戦略型Ｍ＆Ａが増えるべきだと考えています。全国には規模は小さいながらも素晴らしい営業、経営をしている販売店がたくさんあります。経営者が発案したアイデアで顧客満足を高め、地域におけるＬＰガス自体のイメージをも高めている例はたくさんあります。こうした経営のノウハウやアイデアを、他の別のノウハウやアイデアと融合させたり、スケールメリットを活かして推進すれば、全体としての大きな成長が実現すると思います。

ＬＰガス業界の将来を考えた時、中小規模の販売店がこの先10年、20年、事業を維持拡大するのは難しいという声も多いですが、ならば、中小規模の販売店は大手に吸収されるのではなく、自らＭ＆Ａによって規模拡大をはかっていくという選択もあるはずです。

一方で、買い手となっている卸会社の皆さんにも、ＬＰガス事業の買収だけでなく、異業種のＭ＆Ａをお勧めしたいと思っています。大手卸会社の中には、Ｍ＆Ａによる異業種買収に積極的なところもありますが、地方の中堅卸売会社も異業種Ｍ＆Ａを積極的に進めることで、将来の事業の柱を早期に確立させることができると思います。

Ｍ＆Ａにはたくさんの形態があります。Ｍ＆Ａは「事業が続けられなくなった会社が買収されること」では決してないのです。異業種では、成長型Ｍ＆Ａがどんどん増えていることを、ＬＰガス業界の皆さんにもぜひ知っていただき、一緒にその具体化をはかっていきたいと私は思っています。

POINT

成長戦略型M&A

▼事業承継だけでないM&A選択が増えている
▼事業プラン実現のため他に経営資源を求める
▼LPガス販売店の成長戦略型M&Aが期待される

あとがき

以上、駆け足でＬＰガス販売業界のＭ＆Ａについての私の考えを書かせていただきました。本当は、もう少し詳しく掘り下げて書きたいところもあったのですが、ＬＰガスを取り巻く環境は刻一刻と変化していますので、まずは現時点での私の考えをなるべく早く、ＬＰガス販売業界のＭ＆Ａに関心がある方々にお伝えしたいと思います。

「刻一刻と変化」の例としては、今年度（２０２３年度）中に行われるとされている液石法の政省令改正があります。集合住宅における取引契約の適正化、料金の透明化を目的としたこの改正により、新規顧客獲得方法や投資のあり方が大きく変わるだろうと予想されています。新規獲得の投資が減じれば商権価値は下がり、結果、Ｍ＆Ａの買収価格も下がると考える業界人は多いようです。私もその可能性は高いと思います。しかし、「だから、高いうちに早く売るべきだ」とは言いません。大手事業者が投資に回していたお金を買収に回し売り手市場が続けば、買収価格はそれほど下がらないだろうと言う人もいます。いずれにせよ、事態の見極めが必要です。

この本の中で一貫して申し上げていたように、事業承継はM&Aありきで考えるべきではないと私は思っています。いろいろな選択、可能性を考えるべきです。また、M&Aについても、マンガでご紹介した「事業承継型M&A」だけでなく、本文第5章の最後に書いた「成長型M&A」が、今後のLPガス販売業界で活発に行われれば、業界と個々の事業の経営者と従業員の皆様の輝く未来を実現していくことができると確信しています。そこに寄り添うことが、業界特化型のコンサルタントである私の仕事だと考えています。その思いが、本書で少しでも伝われば幸いです。

最後になりますが、本書執筆にあたっては多くの方々のご協力をいただきました。中でも、日頃から業界についてさまざまにご教授してくださっている石油化学新聞社の山本勝取締役、記者の村上洋亮様、本書の執筆と出版にご助力、ご助言をいただいた諏訪書房（ノラ・コミュニケーションズ）の中川順一社長には、ここで改めて御礼を申し上げ、結びとします。

２０２３年9月30日
中原駿男

LPガス販売事業者の事業承継とM&A

輝く未来のために

二〇二三年一〇月三一日　初版　第一刷発行

著　書　中原駿男
発行者　中川順一
発行所　諏訪書房
株式会社ノラ・コミュニケーションズ
郵便番号　一六九−〇〇七五
東京都新宿区高田馬場二−一四−六
電話　〇三（三二〇四）九四〇一
FAX　〇三（三二〇四）九四〇二
メール　info@noracomi.co.jp

印刷所　株式会社善光堂印刷所

ISBN978-4-903948-99-7 C0034